身边的科学

万物由来

笔

郭翔 / 著

读漫画 / 知常识 / 晓文化 / 做实验

北京理工大学出版社
BEIJING INSTITUTE OF TECHNOLOGY PRESS

版权专有　侵权必究

图书在版编目（CIP）数据

万物由来. 笔/郭翔著.—北京：北京理工大学出版社，2018.2（2018.9 重印）

（身边的科学）

ISBN 978-7-5682-5167-9

Ⅰ.①万… Ⅱ.①郭… Ⅲ.①科学知识—儿童读物 ②笔—儿童读物 Ⅳ.①Z228.1②TS951.1-49

中国版本图书馆CIP数据核字（2018）第001974号

出版发行 / 北京理工大学出版社有限责任公司	
社　　址 / 北京市海淀区中关村南大街5号	
邮　　编 / 100081	
电　　话 / （010）68914775（总编室）	
（010）82562903（教材售后服务热线）	
（010）68948351（其他图书服务热线）	责任编辑 / 张　萌
网　　址 / http://www.bitpress.com.cn	策划编辑 / 张艳茹
经　　销 / 全国各地新华书店	特约编辑 / 马永祥
印　　刷 / 北京市雅迪彩色印刷有限公司	王　媛
开　　本 / 889毫米×1194毫米　1 / 16	插　　画 / 张　扬
印　　张 / 3	装帧设计 / 何雅亭
字　　数 / 60千字	刘龄蔓
版　　次 / 2018年2月第1版　2018年9月第4次印刷	责任校对 / 周瑞红
定　　价 / 24.80元	责任印制 / 王美丽

图书出现印装质量问题，请拨打售后服务热线，本社负责调换

开启万物背后的世界

树木是怎样变成纸张的？蚕茧是怎样变成丝绸的？钱是像报纸一样印刷的吗？各种各样的笔是如何制造的？古代的碗和鞋又是什么样子呢？……

每天，孩子们都在用他们那双善于发现的眼睛和渴望的好奇心，向我们这些"大人"抛出无数个问题。可是，这些来自你身边万物的小问题看似简单，却并非那么容易说得清道得明。因为每个物品背后，都隐藏着一个无限精彩的大世界。

它们的诞生和使用，既包含着流传千古的生活智慧，又具有严谨务实的科学原理。它们的生产加工、历史起源，既是我们这个古老国家不可或缺的历史演变部分，也是人类文明进步的重要环节。我们需要一种跨领域、多角度的全景式和全程式的解读，让孩子们从身边的事物入手，去认识世界的本源，同时也将纵向延伸和横向对比的思维方式传授给孩子。

所幸，在这套为中国孩子特别打造的介绍身边物品的百科读本里，我们看到了这种愿景与坚持。编者在这一辑中精心选择了纸、布、笔、钱、鞋、碗，这些孩子们生活中最熟悉的物品。它以最直观且有趣的漫画形式，追本溯源来描绘这些日常物品的发展脉络。它以最真实详细的生产流程，透视解析其中的制造奥秘与原理。它从生活中发现闪光的常识，延伸到科学、自然、历史、民俗、文化多个领域，去拓展孩子的知识面及思考的深度和广度。它不仅能满足小读者的好奇心，回答他们一个又一个的"为什么"，更能通过小实验来激发他们动手探索的愿望。

而且，令人惊喜的是，这套书中也蕴含了中华民族几千年的历史、人文、民俗等传统文化。如果说科普是要把科学中最普遍的规律阐发出来，以通俗的语言使尽可能多的读者领悟，那么立足于生活、立足于民族，则有助于我们重返民族的精神源头，去理解我们自己，去弘扬和传承，并找到与世界沟通和面向未来的力量。

而对于孩子来说，他们每一次好奇的提问，都是一次学习和成长。所以，请不要轻视这种小小的探索，要知道宇宙万物都在孩子们的视野之中，他们以赤子之心拥抱所有未知。因此，我们希望通过这套书，去解答孩子的一些疑惑，就像一把小小的钥匙，去开启一个大大的世界。我们希望给孩子一双不同的看世界的眼睛，去帮助孩子发现自我、理解世界，让孩子拥有受益终生的人文精神。我们更希望他们拥有热爱世界和改变世界的情怀与能力。

所谓教育来源于生活，请从点滴开始。

北京理工大学材料学院与工程学院

教授，博士生导师

笔笔成长相册

嗨，我叫笔笔，是一支人人喜欢的笔宝贝。我有很多本领，既可以帮助人们写字、记事，还可以画画、写书法……总之，人人都离不开我。现在，就让我来讲讲笔家族的故事吧。

我最喜欢听毛笔爷爷讲故事啦

我的眉毛总是被眉笔姐姐画得很丑

我和铅笔哥哥去石墨矿探险

我和小朋友一起创作的抽象派画作

我和笔家族大合影

我和航天员一起遨游在太空中

目录

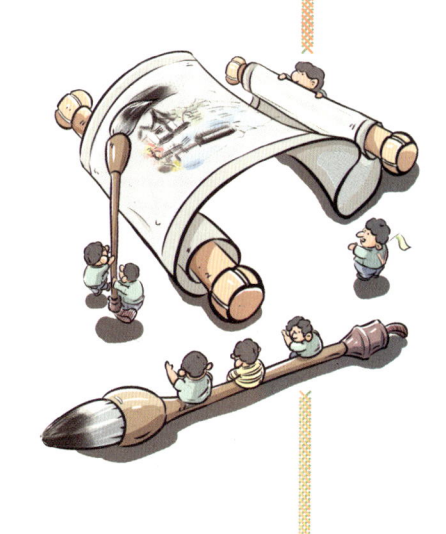

- 2　五彩缤纷的笔世界
- 4　笔是怎么来的
- 6　经久不衰的毛笔
- 14　好用易擦的铅笔
- 24　羽毛制成的鹅毛笔
- 26　金属制成的钢笔
- 32　广受喜爱的圆珠笔
- 38　五颜六色的蜡笔
- 40　高科技的太空笔
- 42　笔笔实验课
- 44　笔笔旅行记

五彩缤纷的笔世界

笔是重要的书写工具，无论是写字还是画画，我们每个人都会用到。而笔的种类和功能也是多种多样，它让我们的生活变得便利又丰富多彩。那么，你都认识哪些笔呢？一起来看看吧。

我们笔家族不仅庞大，而且多才多艺，就让我来做介绍吧！

铅笔
能画出黑色的痕迹，是学生必不可少的学习用具。

毛笔
毛笔的历史最悠久，它是中国传统的书写工具，书写和绘画都离不开它！

彩色铅笔
是作画的常用工具。

签字笔
笔尖为滚珠结构，专门用于签字的笔。

马克笔
又叫记号笔，是一种书写或绘画专用的彩色笔。

荧光笔
油墨中含有荧光素，能制造出光亮的效果。

粉饼笔
裁缝师做衣服用的笔，在布料上画出线条，拍一拍就会脱落。

粉笔
主要成分为石灰和石膏，是老师讲课时必不可少的用具。

钢笔
使用中空的笔管盛装墨水，写出的笔画有粗细、轻重之分。

圆珠笔
圆珠笔携带方便，不用加墨水，字迹清晰，不易被擦掉。

蜡笔
由蜡块和各种颜料制成，是孩子们画画的好帮手。

工程笔
笔芯和笔杆分开，笔尖伸缩自如，是工程师和建筑师常用的笔。

针笔
笔尖由 0.1 毫米到 1 毫米不等，可以画出非常细的线条。

油画笔
是一种画油画的专用工具，笔杆为木制，笔毛为猪毛、马毛。

眉笔
专用来画眉毛的笔，形如铅笔。

- 3 -

笔是怎么来的

你一定很好奇，这些笔是怎么来的？它们又是如何发明并被广泛使用的？现在就一起来看看笔的发展历史吧。

1

早在 **3 万多年前**，原始人就用石头、烧过的树枝、植物汁液、动物血液等在洞穴墙壁上记录牛、马、鹿等看到的东西，以及时间和其他一些事物。

2

5000 多年前，居住在美索不达米亚平原的苏美尔人，以尖锐的木棒当笔，将文字刻在湿软的黏土板上，待板子变干后，文字就能保存下来。

8

公元前 220 年，秦朝时的人们对"战国笔"进行了改良，制成了毛笔，这种笔和现代的毛笔很接近。

7

公元前 400 年，战国时期的人们将竹管的一端劈开，将兔毛夹在里面，然后用丝线缠住，再用漆封住，这就是竹管笔，也叫"战国笔"。

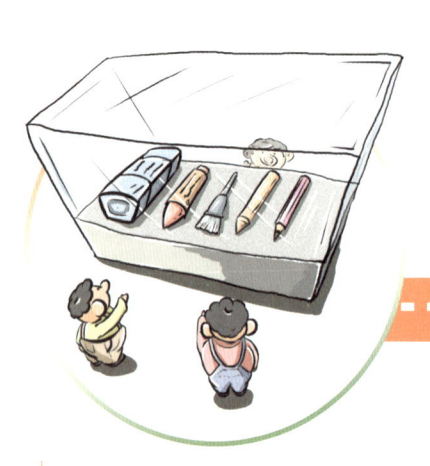

13

后来，中性笔、马克笔、水彩笔、蜡笔等，各种各样的笔出现在我们的生活中。

12

第二次世界大战期间，为了便于战争期间使用，圆珠笔应运而生。

4

考古学家发现，我国商代记录占卜情况的甲骨文中，有一些未经刀刻的文字，人们认为那是用最早的毛笔书写的迹象。

3

公元前 1500 年左右，埃及和波斯人将芦苇杆削尖当笔使用。

5

公元前 1100 年，殷商后期的中国人用石刀、铜锥、铁笔等在龟甲、兽骨上刻录各种符号和象形文字。

6

公元前 700 年，古希腊、古罗马人在木板上涂蜡，然后用铁棒在蜡面上划写。

9

公元 600 年左右，欧洲人将鹅毛管的末端切开，制成了鹅毛笔，它为西方人服务了上千年时间。

10

18 世纪，人们发现了石墨后，铅笔诞生了。

11

19 世纪初，人们发明了钢笔。

经久不衰的毛笔

毛笔起源于中国

毛笔的故乡在我们中国，它是我国人民特有的书写和绘画工具，流传了几千年，经久不衰。你瞧，即便现在铅笔、钢笔、圆珠笔很流行，但是毛笔在我们生活中仍然有举足轻重的地位！

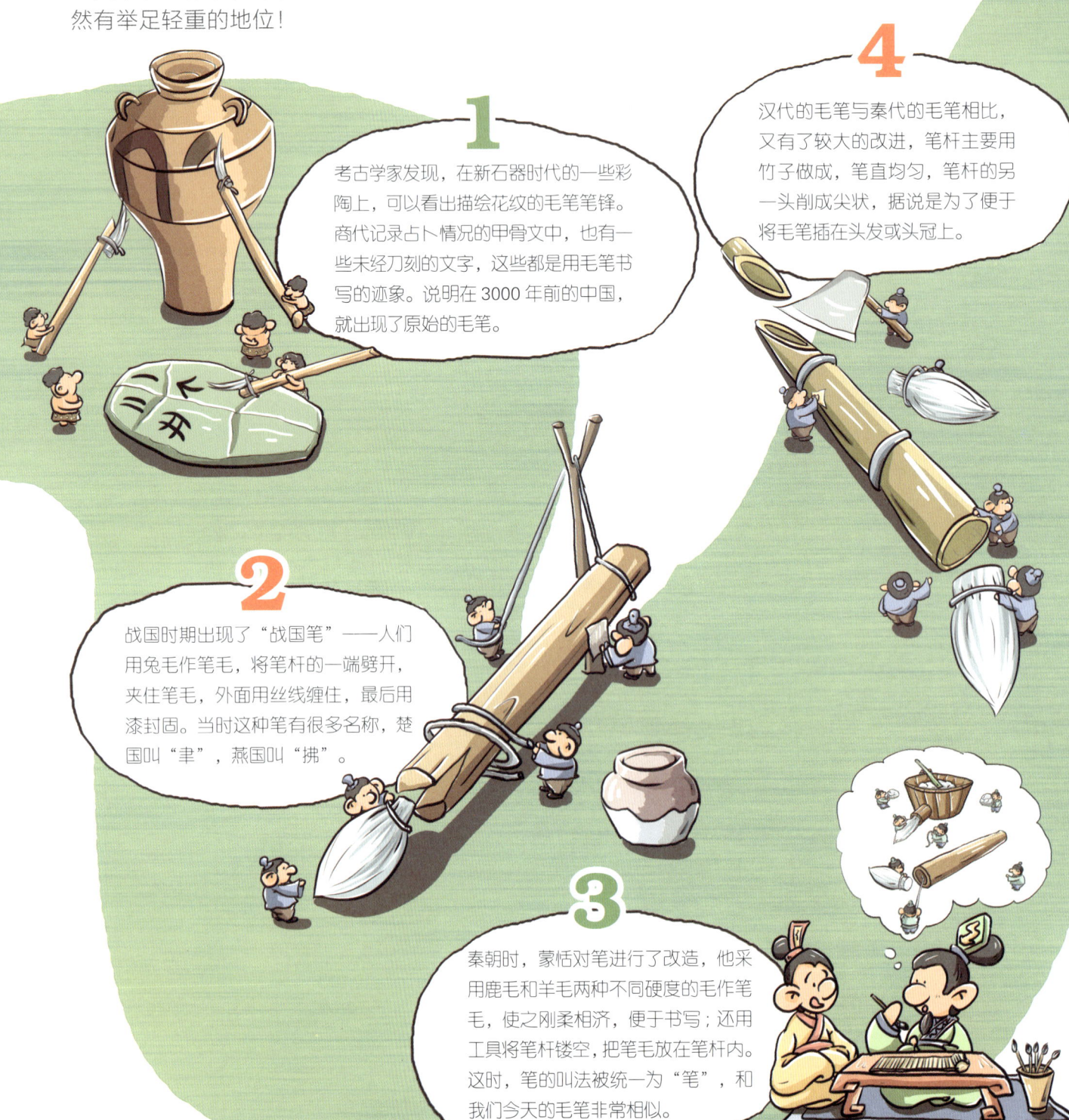

1 考古学家发现，在新石器时代的一些彩陶上，可以看出描绘花纹的毛笔笔锋。商代记录占卜情况的甲骨文中，也有一些未经刀刻的文字，这些都是用毛笔书写的迹象。说明在3000年前的中国，就出现了原始的毛笔。

2 战国时期出现了"战国笔"——人们用兔毛作笔毛，将笔杆的一端劈开，夹住笔毛，外面用丝线缠住，最后用漆封固。当时这种笔有很多名称，楚国叫"聿"，燕国叫"拂"。

3 秦朝时，蒙恬对笔进行了改造，他采用鹿毛和羊毛两种不同硬度的毛作笔毛，使之刚柔相济，便于书写；还用工具将笔杆镂空，把笔毛放在笔杆内。这时，笔的叫法被统一为"笔"，和我们今天的毛笔非常相似。

4 汉代的毛笔与秦代的毛笔相比，又有了较大的改进，笔杆主要用竹子做成，笔直均匀，笔杆的另一头削成尖状，据说是为了便于将毛笔插在头发或头冠上。

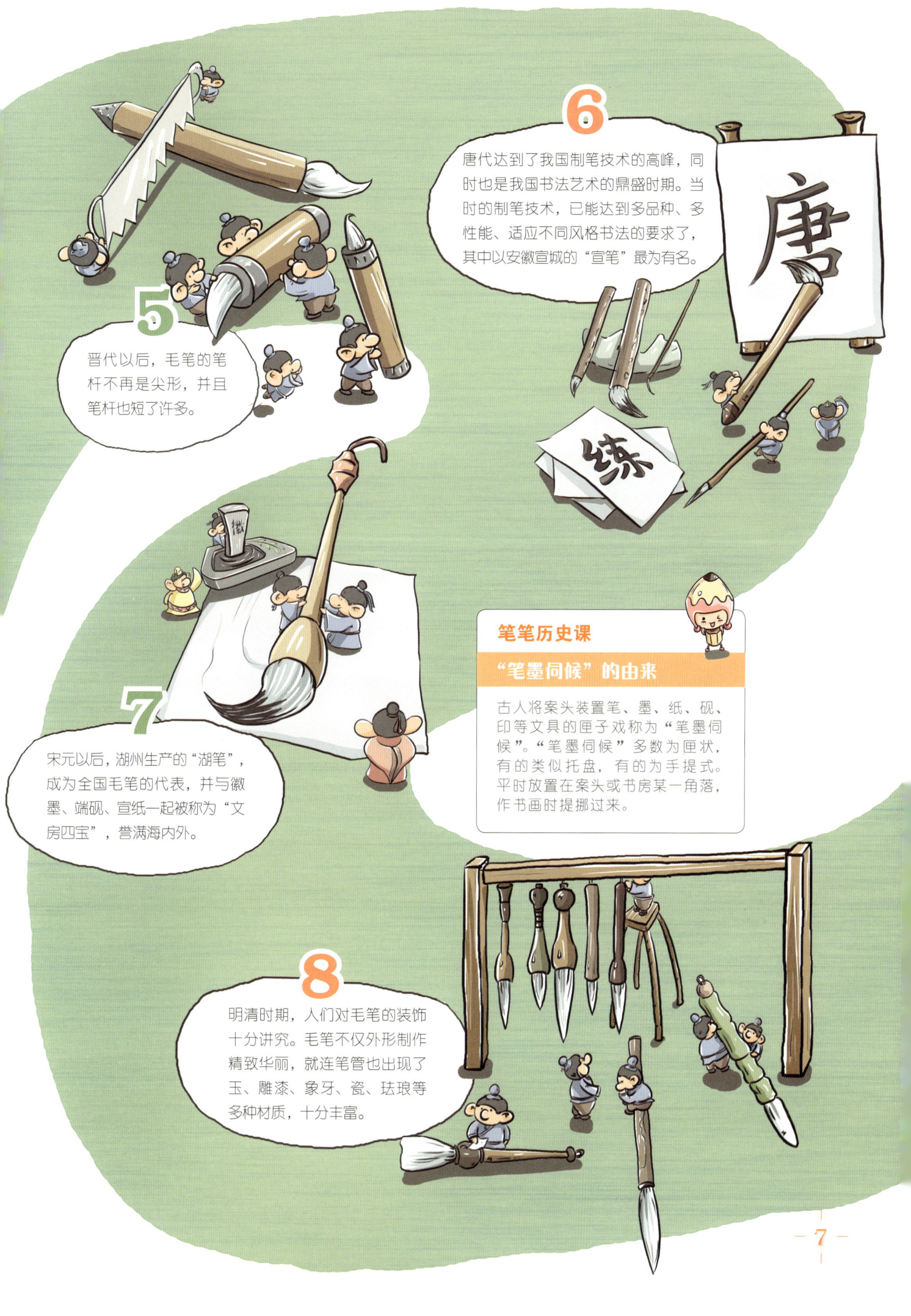

6 唐代达到了我国制笔技术的高峰，同时也是我国书法艺术的鼎盛时期。当时的制笔技术，已能达到多品种、多性能、适应不同风格书法的要求了，其中以安徽宣城的"宣笔"最为有名。

5 晋代以后，毛笔的笔杆不再是尖形，并且笔杆也短了许多。

7 宋元以后，湖州生产的"湖笔"，成为全国毛笔的代表，并与徽墨、端砚、宣纸一起被称为"文房四宝"，誉满海内外。

笔笔历史课

"笔墨伺候"的由来

古人将案头装置笔、墨、纸、砚、印等文具的匣子戏称为"笔墨伺候"。"笔墨伺候"多数为匣状，有的类似托盘，有的为手提式。平时放置在案头或书房某一角落，作书画时提挪过来。

8 明清时期，人们对毛笔的装饰十分讲究。毛笔不仅外形制作精致华丽，就连笔管也出现了玉、雕漆、象牙、瓷、珐琅等多种材质，十分丰富。

毛笔是书画创作的好帮手

当你在挑选毛笔时，是否发现毛笔有粗有细、笔毛有软有硬呢？那是因为人们在制作毛笔时，考虑到书法和绘画的不同需求，选用了软硬不同的动物毛作笔毛。这样，毛笔就有了不同的功能，画出来的线条也粗细不同，从而让书画作品更加富于变化和艺术性。

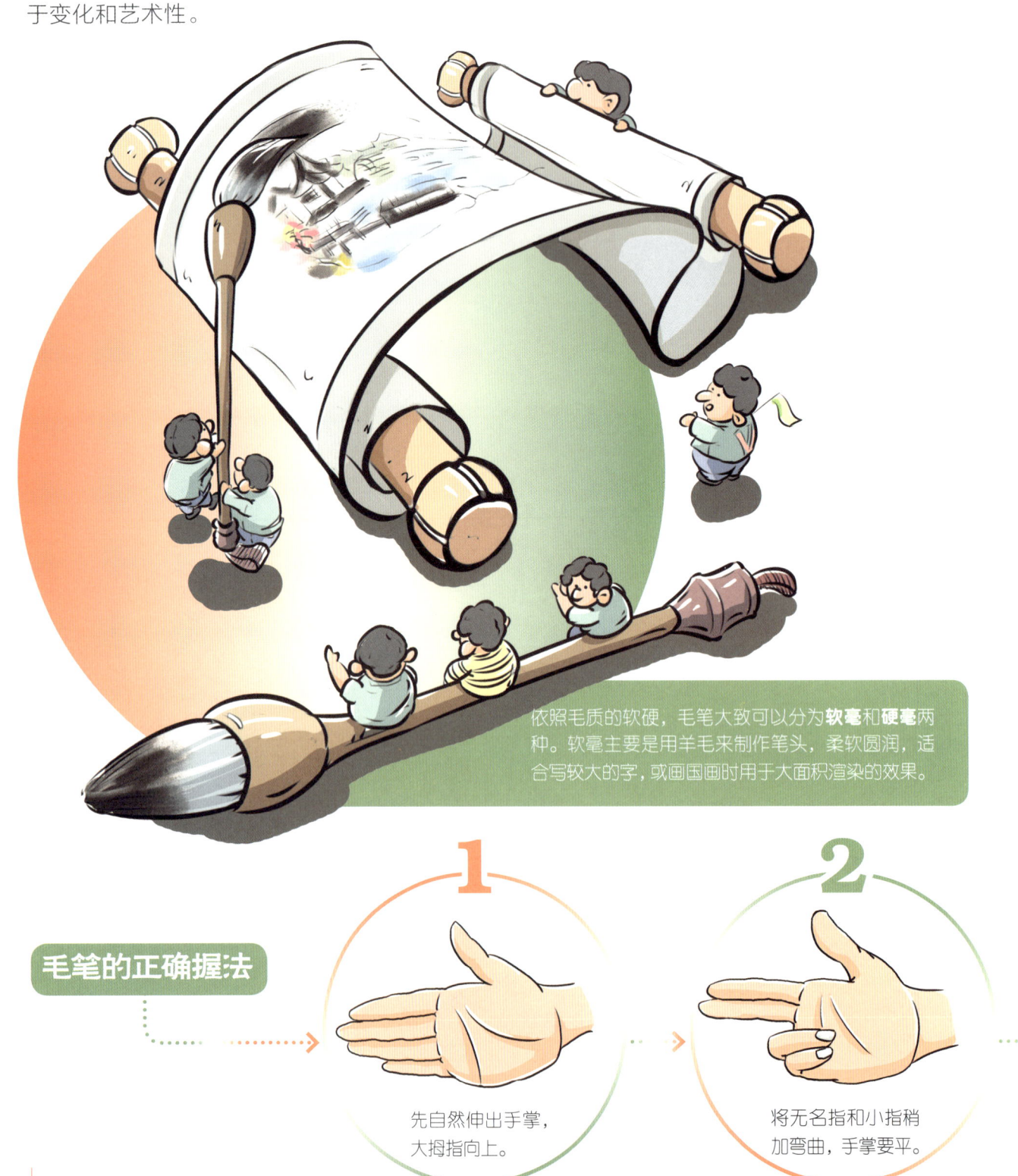

依照毛质的软硬，毛笔大致可以分为**软毫**和**硬毫**两种。软毫主要是用羊毛来制作笔头，柔软圆润，适合写较大的字，或画国画时用于大面积渲染的效果。

毛笔的正确握法

1 先自然伸出手掌，大拇指向上。

2 将无名指和小指稍加弯曲，手掌要平。

毛笔可是我笔家族里的艺术家噢！

硬毫的笔头可以用**狼毛**、**兔毛**、**牛毛**、**马毛**、**猪毛**，**尼龙毛**等，这种笔弹性很强，写字锐利，可以用来写小楷，或用于国画的线条勾、描等。

3
将毛笔放在中指和无名指之间。

4
将大拇指按在中指与食指之间。

5
握笔的高度距离笔根约4厘米，小拇指紧挨无名指，不要碰到笔杆。

毛笔的手工制作过程

我们都知道毛笔就是由笔毛和笔杆构成的，想来毛笔的制作应该非常简单吧！如果你这样想那就错了！事情正好相反，传统毛笔的制作很复杂，不但工序多，而且环环相扣，稍有差池，就会影响品质。现在，就让我们一起来看看毛笔是怎样制作出来的吧！

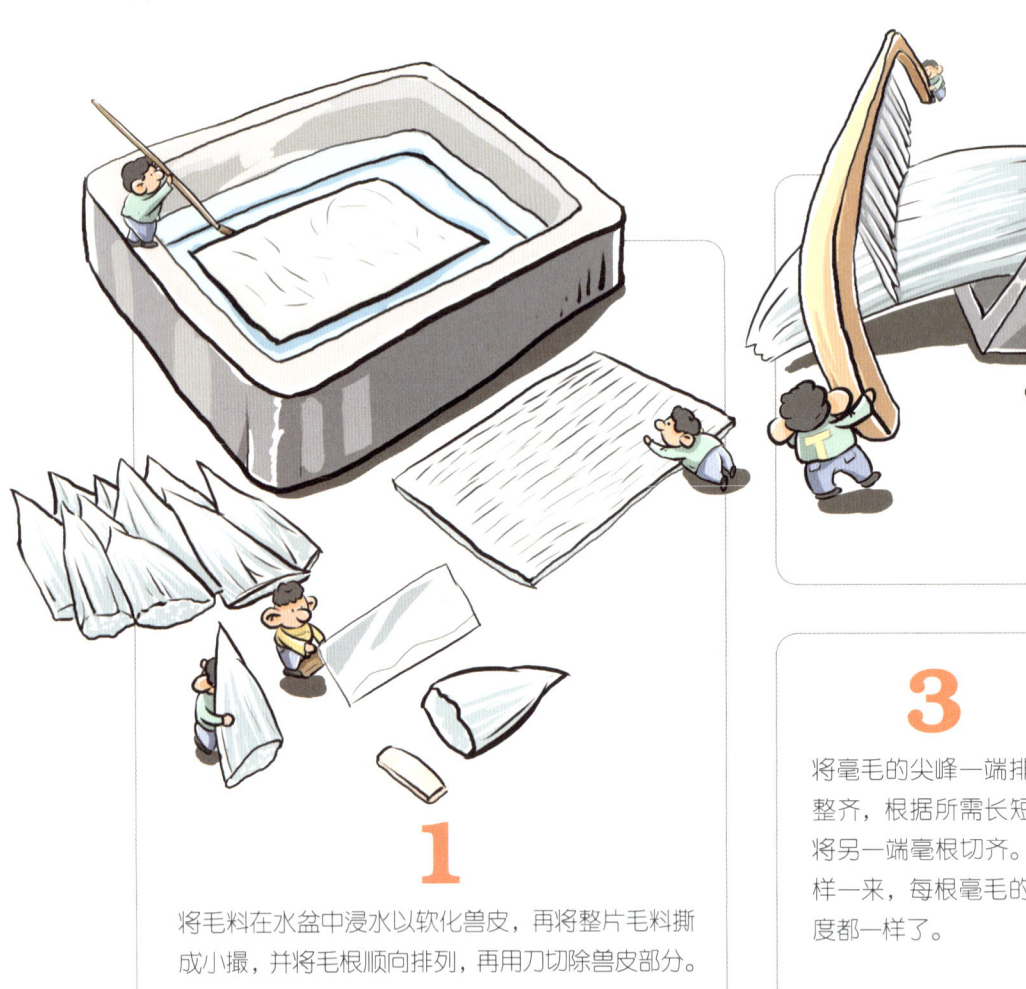

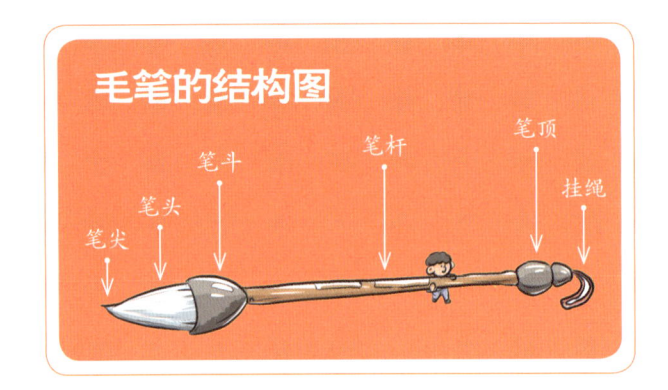

1
将毛料在水盆中浸水以软化兽皮，再将整片毛料撕成小撮，并将毛根顺向排列，再用刀切除兽皮部分。

2
因绒毛细而弯曲，不能成为毛料，要用骨梳将其剔出。

3
将毫毛的尖峰一端排列整齐，根据所需长短，将另一端毫根切齐。这样一来，每根毫毛的长度都一样了。

毛笔的结构图

笔尖　笔头　笔斗　笔杆　笔顶　挂绳

4

用骨梳多次混合梳理毛料，让毛料分布均匀。

笔笔历史课

毛笔"四德"

一支好毛笔必须具备"四德"：尖、齐、圆、健。"尖"是说笔毫聚拢时，末端要尖锐。"齐"是指笔尖润开压平后，毫尖平齐。"圆"是指笔毫圆满如枣核之形，就是毫毛充足的意思。"健"是说笔有弹力，运用自如。

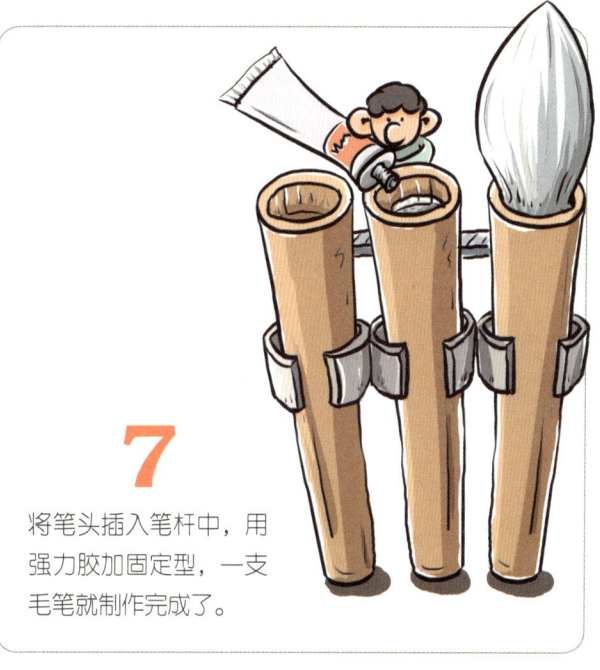

5

将笔毛蘸水之后，小心地卷成一束笔芯。在笔芯外面卷上一层薄薄的毛料，并将毛尖断锋，制成笔头。

6

笔头彻底晾干后，用尼龙线将笔头扎紧，用力要均匀。

7

将笔头插入笔杆中，用强力胶加固定型，一支毛笔就制作完成了。

小实验：用毛笔写封密信

什么？你有一个小秘密，只能和最好的朋友分享，绝对不能泄露！没问题，给你的好朋友写一封白醋密信或无字信件吧！

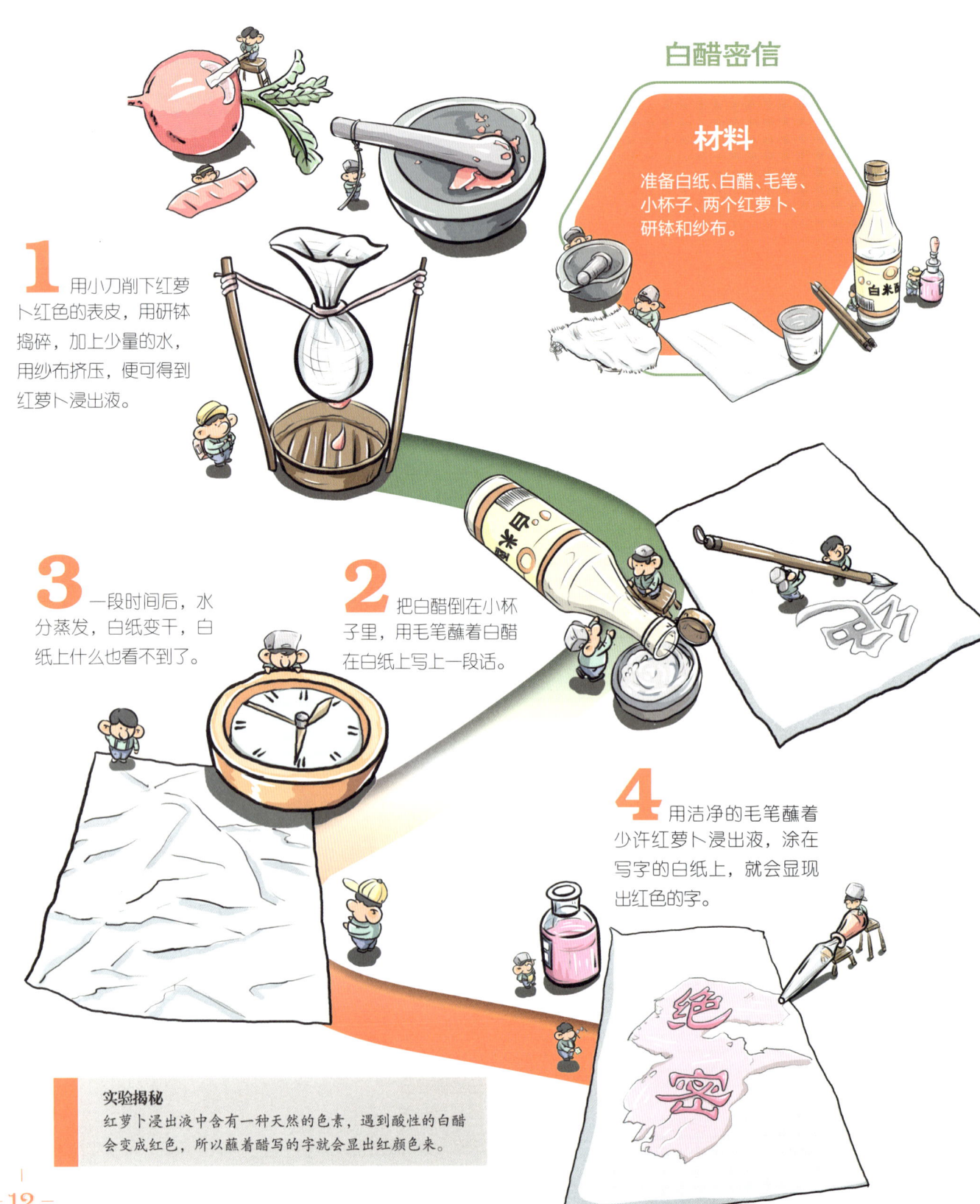

白醋密信

材料

准备白纸、白醋、毛笔、小杯子、两个红萝卜、研钵和纱布。

1 用小刀削下红萝卜红色的表皮，用研钵捣碎，加上少量的水，用纱布挤压，便可得到红萝卜浸出液。

2 把白醋倒在小杯子里，用毛笔蘸着白醋在白纸上写上一段话。

3 一段时间后，水分蒸发，白纸变干，白纸上什么也看不到了。

4 用洁净的毛笔蘸着少许红萝卜浸出液，涂在写字的白纸上，就会显现出红色的字。

实验揭秘

红萝卜浸出液中含有一种天然的色素，遇到酸性的白醋会变成红色，所以蘸着醋写的字就会显出红颜色来。

无字信件

给你封无字的信件，你会解读吗？不可能，既然是无字的信件，怎么读呢？呵呵，开动脑筋，分析一下，办法自然就有啦！

材料

准备一张白纸、一张湿纸、一个水盆及圆珠笔和毛笔。

1 一张纸放到盆里蘸上水，然后把另一张纸放到这张湿纸上，拿着圆珠笔用力在纸上写段话。

2 把上面的纸取掉，让下面的湿纸晾干，纸上就什么也看不到了。

3 再用洁净的毛笔蘸着水，涂在纸上，字的痕迹就又出现了。

实验揭秘

把一张纸放在湿纸上，用圆珠笔用力在纸上写出要写的字，因挤压了干纸的纤维，这样就在湿纸上留有痕迹。湿纸晾干后，却什么也看不出来了。再用水蘸湿纸，因写过字的地方纤维被压缩，光线无法穿过而反射到眼睛中形成痕迹，这样上面的字就又出现了。

好用易擦的铅笔

铅笔的由来

你知道"铅笔"这个名字是怎么来的吗?原来,古代的罗马人发现铅这种金属比较软,能在纸上划出黑红色的痕迹,便用铅条和铅块当笔用来写字,慢慢地就被叫成了"铅笔"。可是铅并不好用,后来人们发现用石墨来写字更加清晰,于是才制成了现在常见的铅笔。

1 1564年,在英格兰西北部靠近波罗第尔的地方,矿工们在一棵被刮倒的大树下发现了像煤一样黑色的东西,原来这是一个石墨矿。人们发现这种物质很软,可以涂抹出痕迹,便叫它"黑铅",后来就把它切成细棍,再用布条裹起来,用来写字,这就是铅笔的前身。

2 18世纪中叶,巴伐利亚化学家法贝尔将石墨研磨成粉,加水沉淀,筛选出纯石墨,然后加入硫黄、树脂和锑混合起来加热,结果制成了硬度适中的铅笔芯。

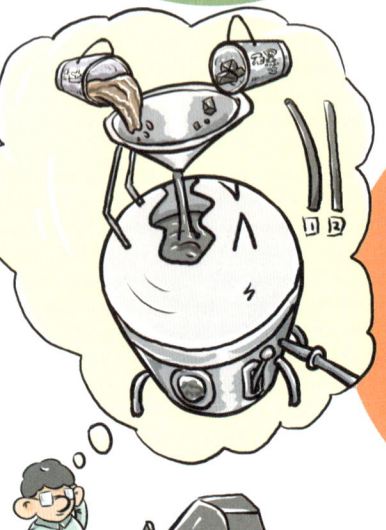

3 1795年,由于英国和巴伐利亚两国切断了对法国的铅笔供应,法国化学家孔德开始在国内寻找石墨矿,但法国的石墨矿少,质量比较差,孔德便在石墨中加入不同数量的黏土,再用炉子烧,从而产生不同硬度的笔芯。

笔笔常识课
你知道吗?

★ 不小心被铅笔刺到,并不会铅中毒,因为铅笔不含铅,里面是黏土和石墨。
★ 铅笔能写字其实是其碎屑卡在纸的纤维中的表现,而碎屑只有0.02毫米。

5 1822年，英国人发明了世界上第一支自动铅笔，装入笔芯后，只要轻轻一按就可以使用，十分方便。

4 1812年，美国木工威廉·门罗造出了一种机器，像夹三明治一样，将笔芯夹在两块条板中间，然后黏合在一起，制成现代铅笔。

6 19世纪50年代，因为化学染料的出现，彩色铅笔应运而生。彩色铅笔的笔芯是用蜡、黏土和颜料制作的，而且彩色笔芯也不需要烧制。

笔笔常识课

铅笔的等级

铅笔上都标有"H"和"B"这样的英文字母，是什么意思呢？原来，H表示硬度，H数值越高表明黏土越多，从而笔芯越硬，写出的字迹就越淡。B表示黑度，B数值越高表明石墨越多，从而笔芯越软，写出的字就越黑。

铅笔工厂的秘密

你是不是很好奇，我们每天用的铅笔到底是怎样生产出来的呢？那就一起去铅笔工厂看看吧！

1 制作铅芯

（1）将石墨粉与陶土、水和其他原料混合起来，搅拌成黏乎乎的石墨膏。

（2）将石墨膏从一个狭窄的小孔里挤出来，形成细细的石墨绳。

（3）软软的石墨绳被切割为一根根的，长度要和铅笔一样，然后把热乎乎的笔芯晾干。

3 将笔芯放到笔杆里

（1）在木板的凹槽中加入胶水。

（2）将铅笔芯依次装入木板的凹槽中。

（4）经过高温烘烤干燥后，再将硬硬的笔芯放进滚烫滚烫的油里，然后取出让它慢慢变凉。这样黑乎乎的笔芯就做好了。

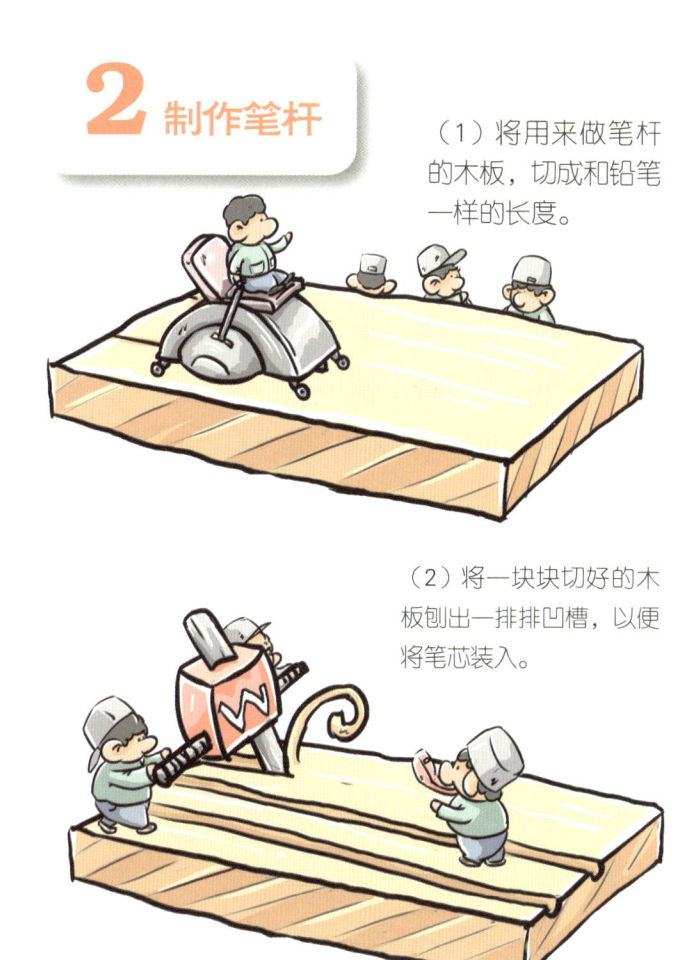

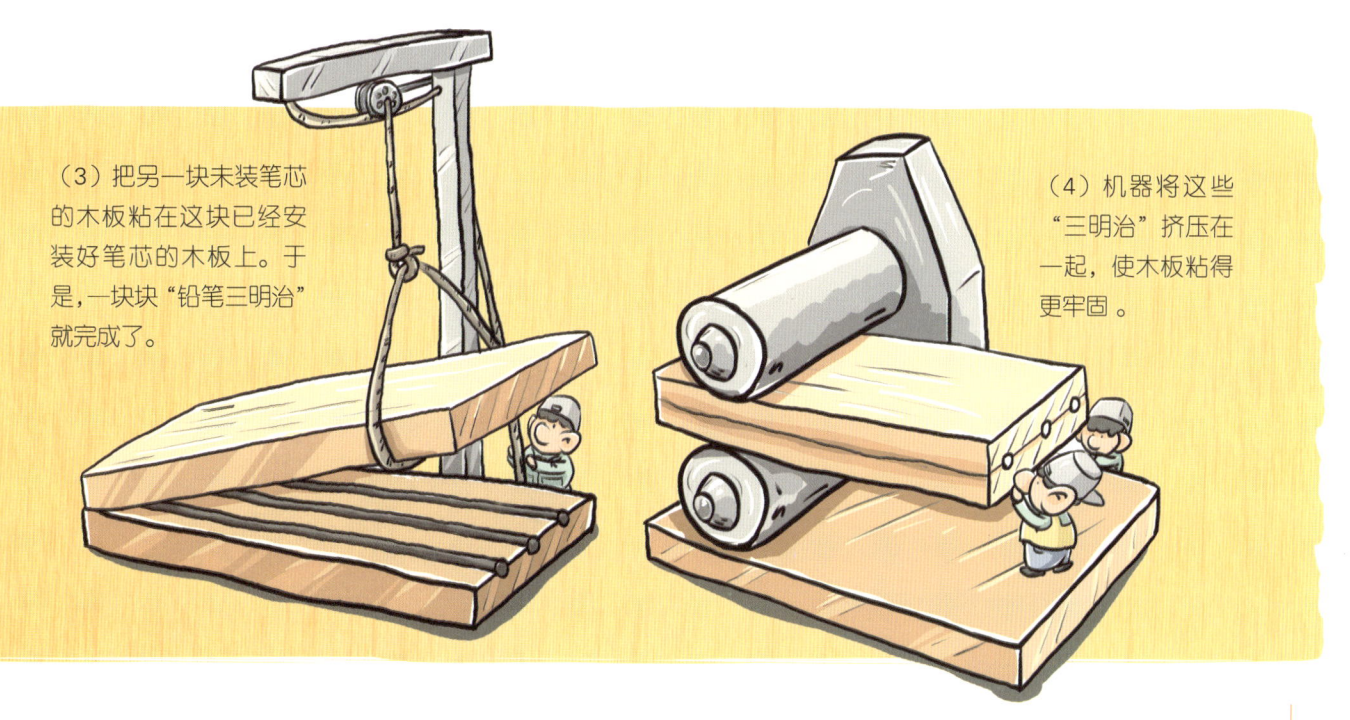

2 制作笔杆

（1）将用来做笔杆的木板，切成和铅笔一样的长度。

（2）将一块块切好的木板刨出一排排凹槽，以便将笔芯装入。

（3）把另一块未装笔芯的木板粘在这块已经安装好笔芯的木板上。于是，一块块"铅笔三明治"就完成了。

（4）机器将这些"三明治"挤压在一起，使木板粘得更牢固。

4 切割成单支铅笔

（1）切割机首先在木板的上面切出铅笔的轮廓，然后再切割成一支支的铅笔。

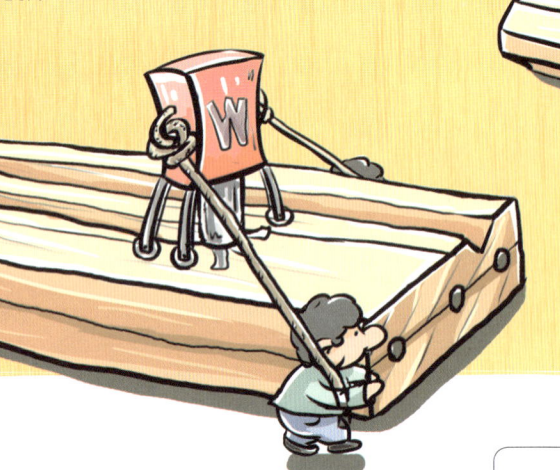

（2）将单支铅笔修整成六角形或圆形。

笔笔常识课
为什么铅笔都是六角形和圆形的？

因为六角形的铅笔比较好握在手里，放在桌子上也不容易到处滚动。所以，六角形的铅笔很常见。不过，人们在画画的时候需要以多种角度和方式握住铅笔，而圆形的铅笔能使手指接触的范围更大，更方便我们画画。

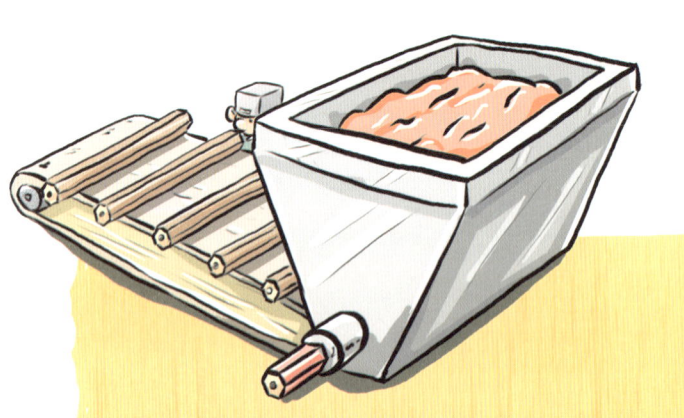

（1）现在应该给铅笔穿件外套了，这些铅笔从一个叫作油漆喷头的装置中一支一支被喷射出来，它的作用就是给铅笔上色。

（2）用喷头给铅笔涂抹透明油漆，并通过机器给它们印上有金属光泽的字。

5 给铅笔涂色印字

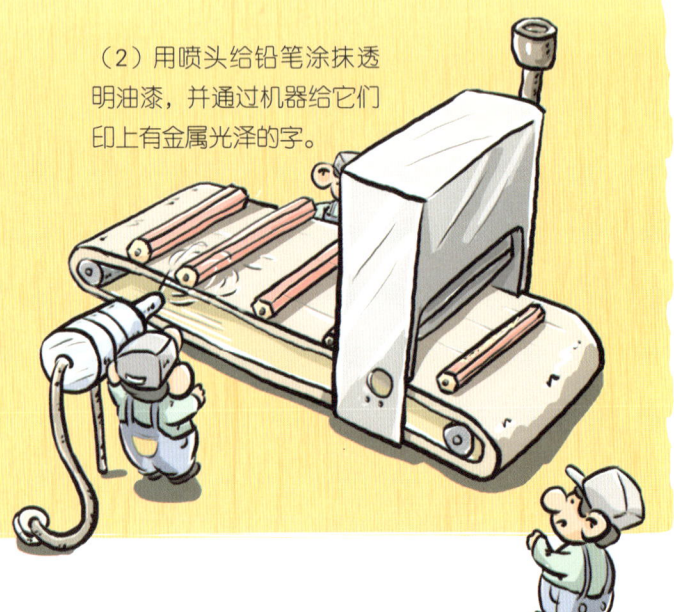

6 给铅笔安装橡皮

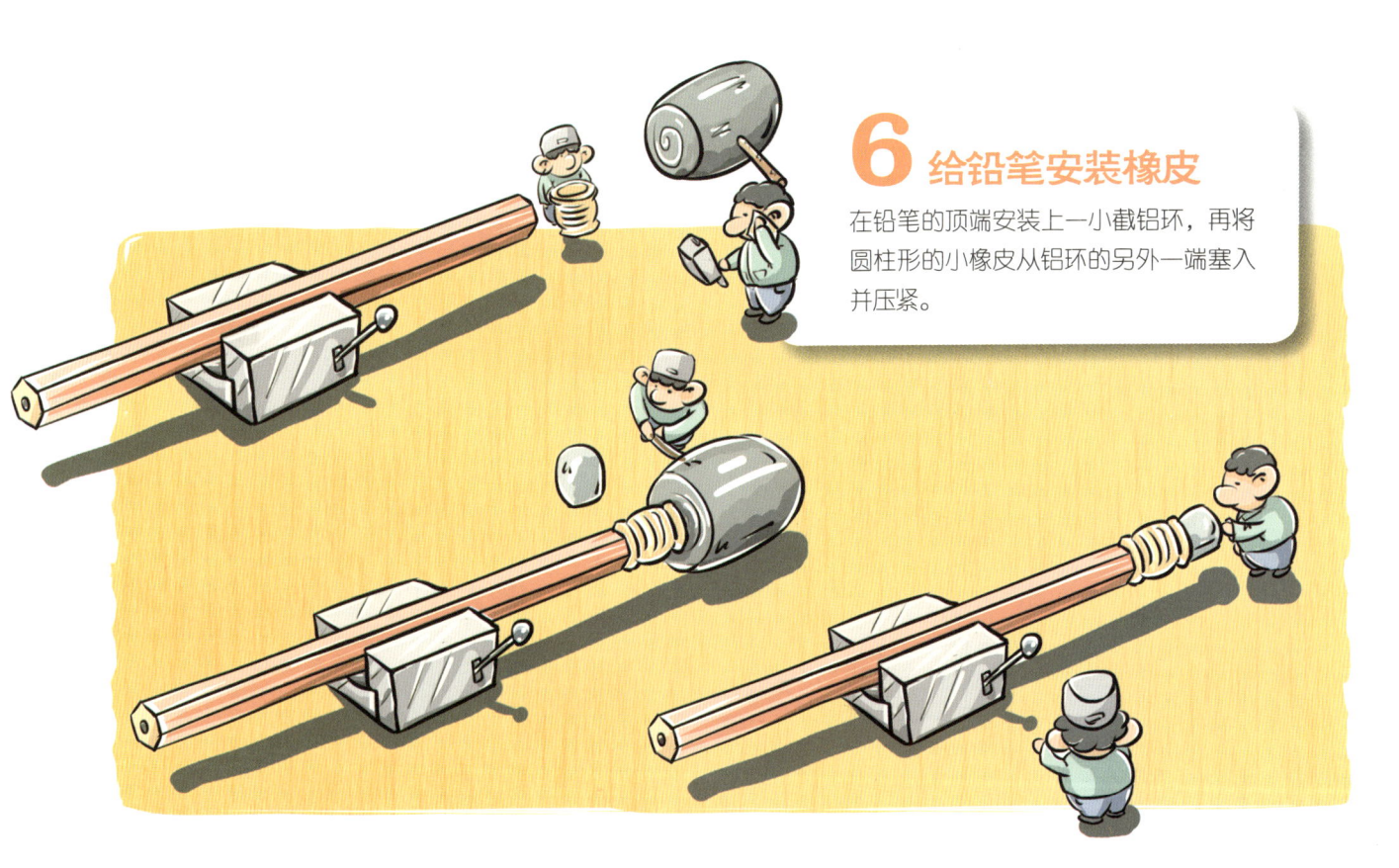

在铅笔的顶端安装上一小截铝环,再将圆柱形的小橡皮从铝环的另外一端塞入并压紧。

7 包装

铅笔终于做好了,现在可以放进纸盒里了。

笔笔科学课

铅笔上的金字是怎么来的?

那些金字的原料,主要是一些"金粉"和"银粉"。"金粉"是铜锌合金磨成的细粉,"银粉"是铝磨成的细粉。

彩色铅笔是怎么来的？

你画画时是不是经常会用到五颜六色的彩色铅笔？其实，它的制造过程和铅笔基本相同，所不同的就是笔芯的制作。你知道吗，彩色铅笔的笔芯是用蜡、黏土矿物和颜料制作的，而且彩色笔芯也不需要烧制。

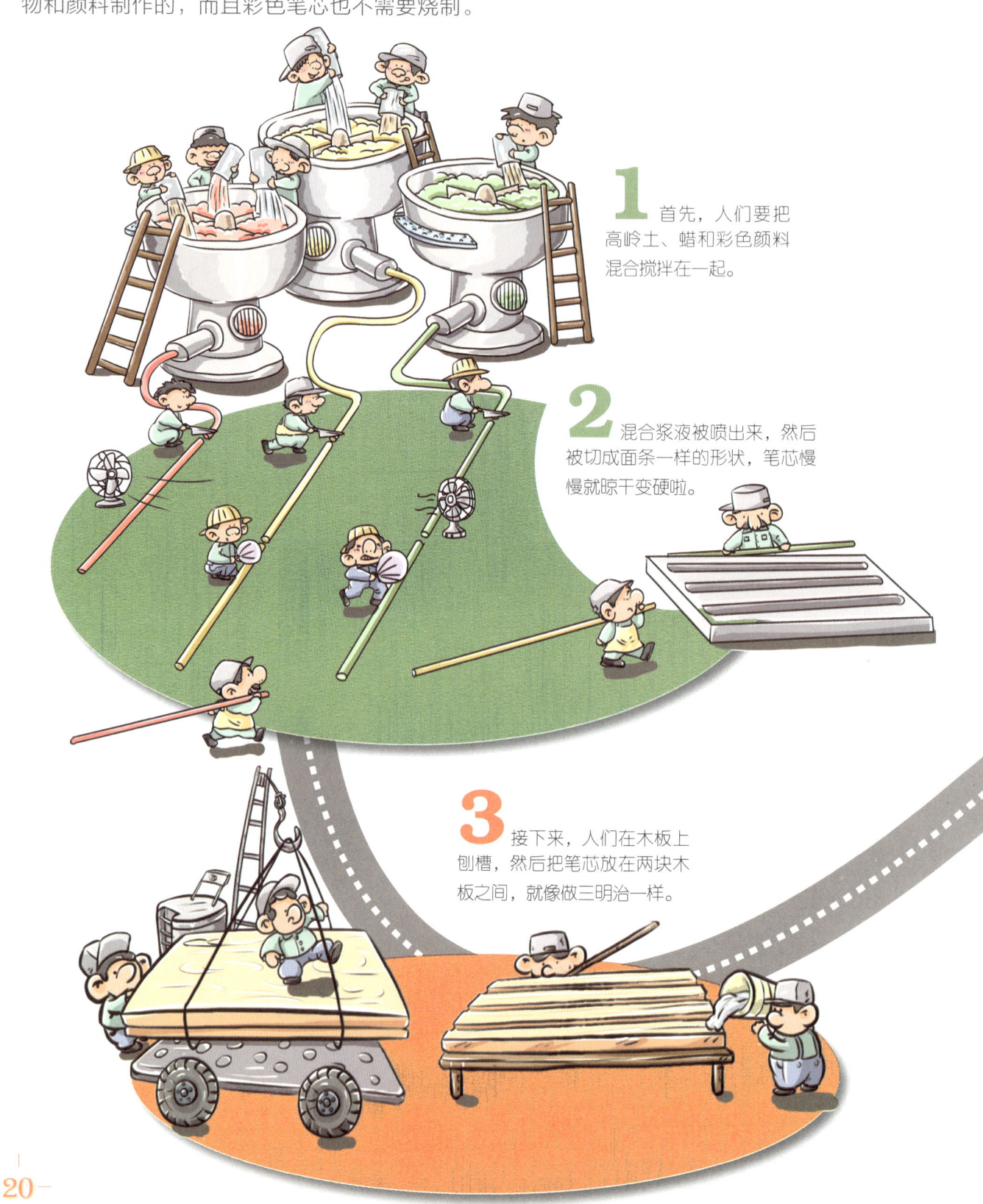

1 首先，人们要把高岭土、蜡和彩色颜料混合搅拌在一起。

2 混合浆液被喷出来，然后被切成面条一样的形状，笔芯慢慢就晾干变硬啦。

3 接下来，人们在木板上刨槽，然后把笔芯放在两块木板之间，就像做三明治一样。

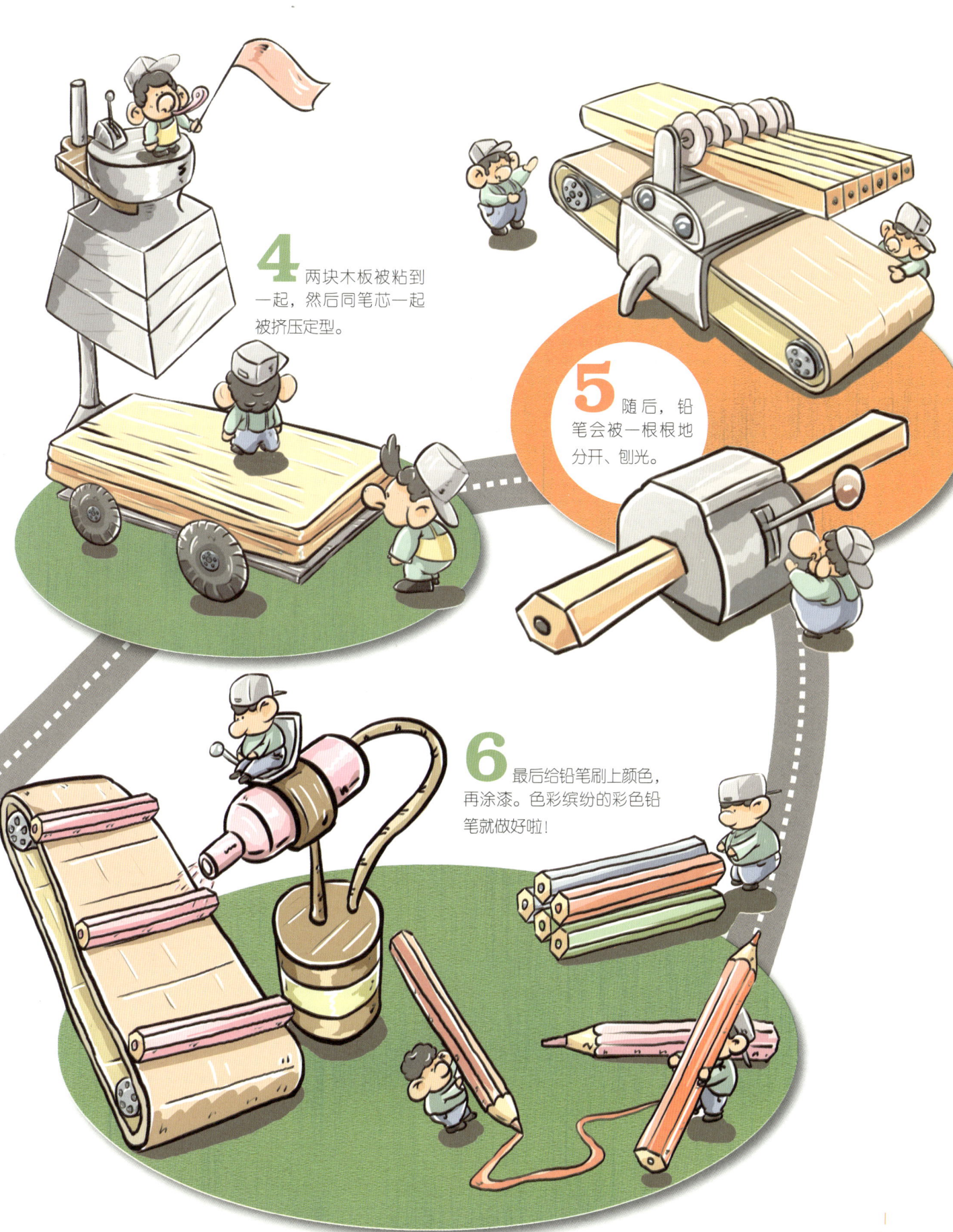

4 两块木板被粘到一起，然后同笔芯一起被挤压定型。

5 随后，铅笔会被一根根地分开、刨光。

6 最后给铅笔刷上颜色，再涂漆。色彩缤纷的彩色铅笔就做好啦！

铅笔的好朋友——橡皮

铅笔写错了字，只能请橡皮来帮忙啦！可是，你知道吗，在铅笔被发明了200年后，才有人想起来要发明橡皮。在此之前，如果要对铅笔字迹进行修改，人们不得不使用面包。想不到吧，美味的面包还可以当作橡皮！直到18世纪，科学家们才发现利用天然橡胶可以擦去铅笔痕迹。就这样，橡皮诞生了！

不过，天然橡胶做的橡皮跟面包一样容易腐坏，而且容易掉屑，直到1839年人们发明了"硫化橡胶"才解决了这一问题。现在，人们使用更多的是塑料做的橡皮，它不仅擦得更干净，而且还有不同的颜色和形状。

1 把塑料原料聚氯乙稀和化学药剂、颜料等混合起来用力搅拌。

2 继续搅拌并加热，让它变成黏糊糊的液体。

3 用不同的方法来制作不同形状的橡皮。

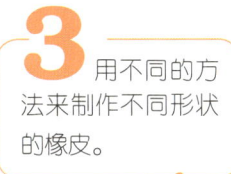

（1）把液体混合物放到压制机里挤出来，让它形成长条状，然后再切成小块，就成了柱形的橡皮。

（2）把液体混合物放到不同形状的模具里，等它们凝固之后就可以得到不同造型的橡皮。

（3）让液体混合物流进板状模具里，干燥后切成不同尺寸的小方块，包上标签就可以了。

笔笔科学课
橡皮的秘密

面包也好，橡胶也罢，它们为什么能擦掉铅笔痕迹呢？我们都知道，铅笔芯是石墨做的，铅笔写字会留下微小的石墨粉，吸附在纸上。因为蓬松的面包及橡胶，都有很多微孔，比纸更容易吸附脱落下来的石墨粉，所以能擦掉笔迹。

羽毛制成的鹅毛笔

在一些电影或绘画中，我们经常看到中世纪的欧洲人用鹅毛笔来写字，看上去好神秘！那么，鹅毛笔是怎么来的呢？原来，欧洲人最早使用的是芦苇制成的笔，但是芦苇笔比较粗硬，常常划破书写的纸。为此，人们很是烦恼。直到公元6世纪时，人们无意中从鹅的羽毛上获得灵感，才诞生了轻巧的鹅毛笔。现在，就让我们一起看看神秘的鹅毛笔是怎么制成的吧！

1 采集鹅毛，最好是左翅最外侧的五根羽毛，因为其弯曲的角度比较符合右手写字握笔的习惯。

2 把鹅毛放到蒸笼上蒸，去掉油脂，然后晾干。

4 接下来制作笔头，将鹅毛管末端斜切，并在笔尖中央分割出一道细缝。

3 将鹅毛管插到180℃的热砂中进行加热处理,再让其自然冷却。

5 在笔端两侧的一半位置,均匀地削去一部分,形成尖尖的笔尖。

6 最后将尖端磨平,就可以蘸墨水写字了。

金属制成的钢笔

鹅毛笔风行了1000多年后，人们又发明了一种可换笔尖的蘸水笔，这就是钢笔的前身。那么钢笔是如何从蘸水笔一点点改进的呢？我们一起来看看吧。

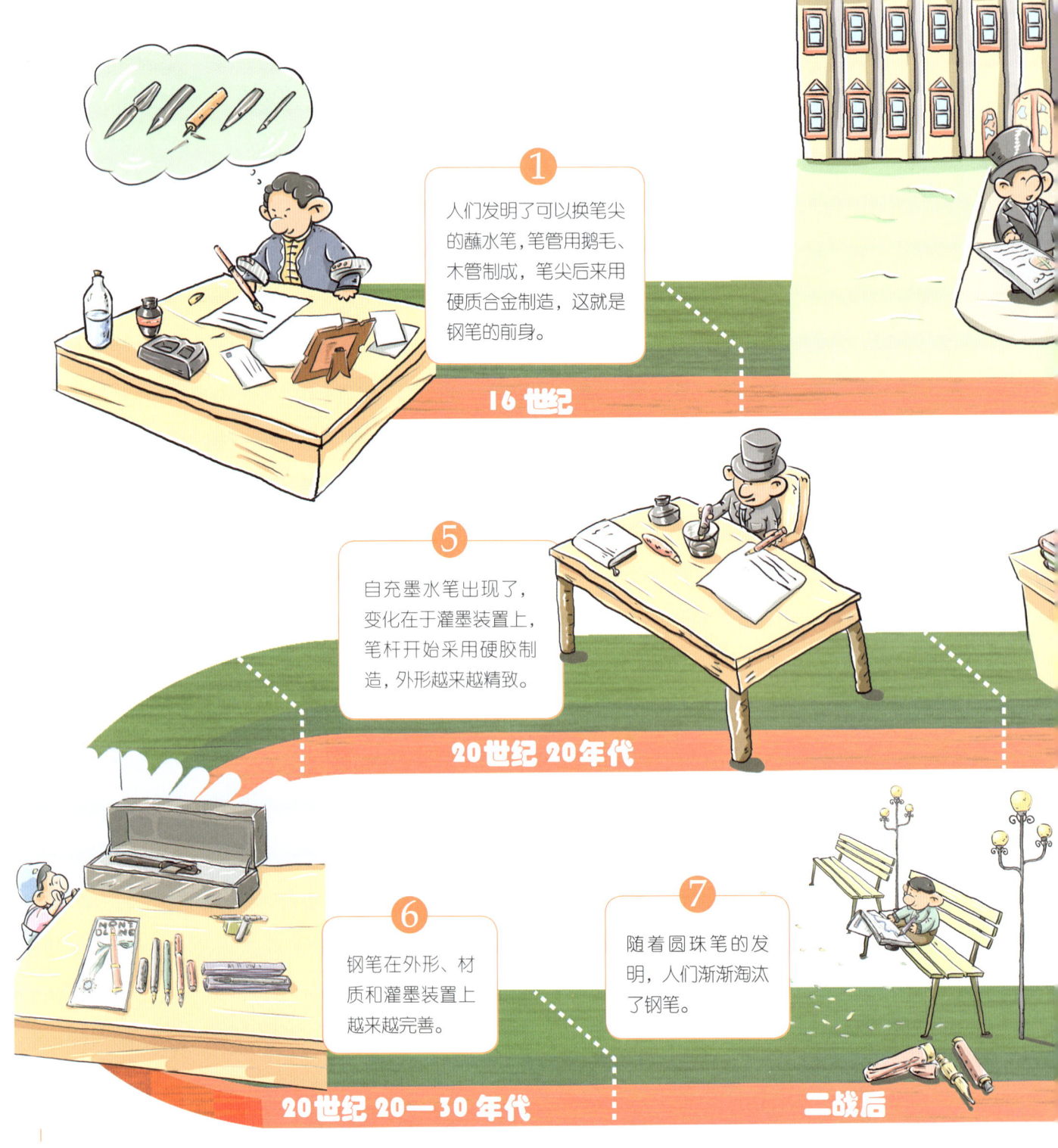

1 人们发明了可以换笔尖的蘸水笔，笔管用鹅毛、木管制成，笔尖后来用硬质合金制造，这就是钢笔的前身。

16世纪

5 自充墨水笔出现了，变化在于灌墨装置上，笔杆开始采用硬胶制造，外形越来越精致。

20世纪20年代

6 钢笔在外形、材质和灌墨装置上越来越完善。

20世纪20—30年代

7 随着圆珠笔的发明，人们渐渐淘汰了钢笔。

二战后

笔笔历史课
从芦苇笔到钢笔

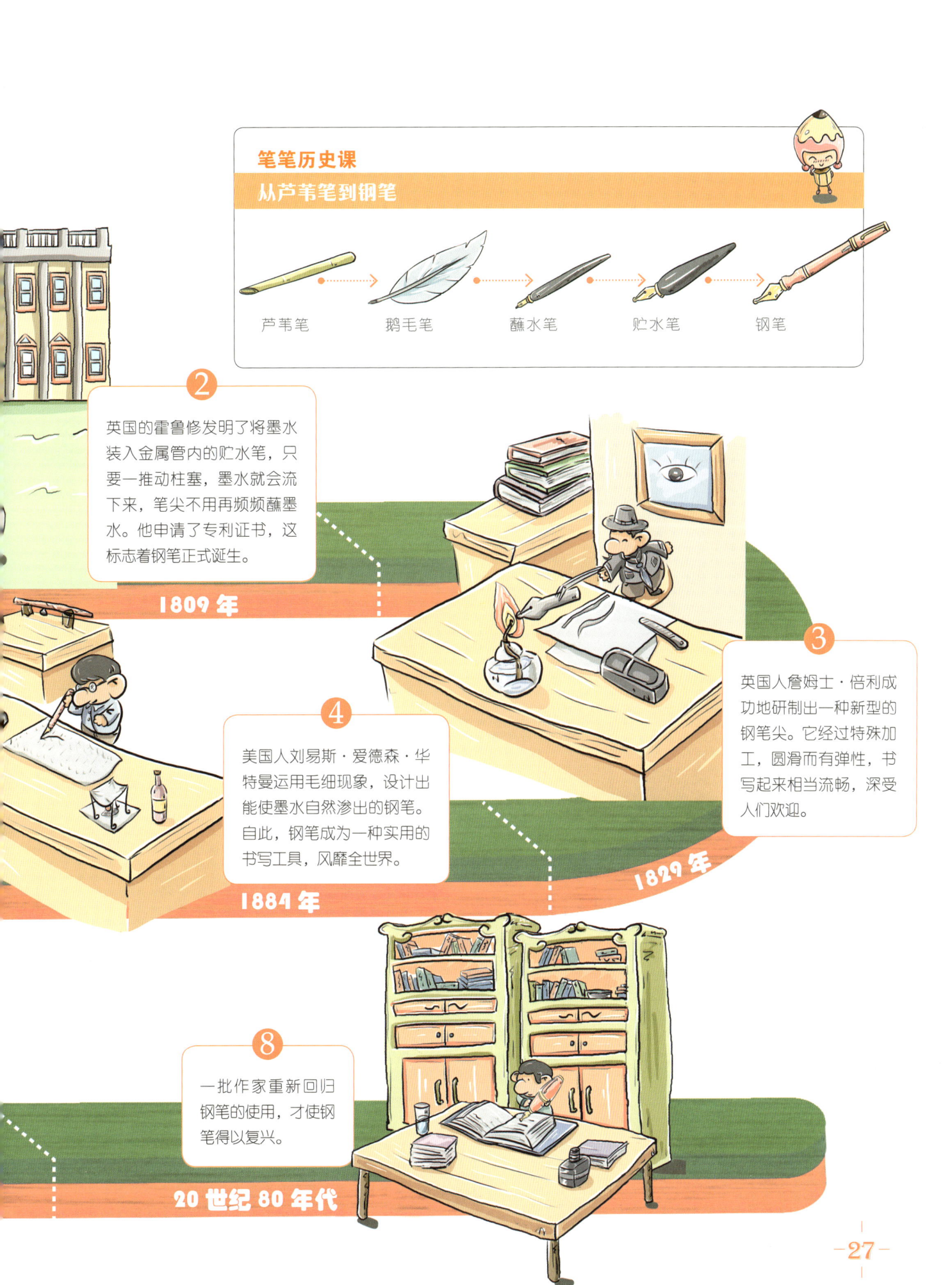

芦苇笔 → 鹅毛笔 → 蘸水笔 → 贮水笔 → 钢笔

2 英国的霍鲁修发明了将墨水装入金属管内的贮水笔，只要一推动柱塞，墨水就会流下来，笔尖不用再频频蘸墨水。他申请了专利证书，这标志着钢笔正式诞生。

1809 年

3 英国人詹姆士·倍利成功地研制出一种新型的钢笔尖。它经过特殊加工，圆滑而有弹性，书写起来相当流畅，深受人们欢迎。

4 美国人刘易斯·爱德森·华特曼运用毛细现象，设计出能使墨水自然渗出的钢笔。自此，钢笔成为一种实用的书写工具，风靡全世界。

1884 年

1829 年

8 一批作家重新回归钢笔的使用，才使钢笔得以复兴。

20 世纪 80 年代

钢笔是怎么制作的

你知道吗,最初的钢笔都是匠人手工制作的,每一步都需要精雕细琢。现在,大多数钢笔则使用机械生产,非常方便快捷。不过,有些手工制作的钢笔因为其独特性,也依然很受欢迎。那么钢笔是怎么制作出来的呢?一起来看看吧,你会发现原来小小的钢笔制作起来竟然这么复杂。

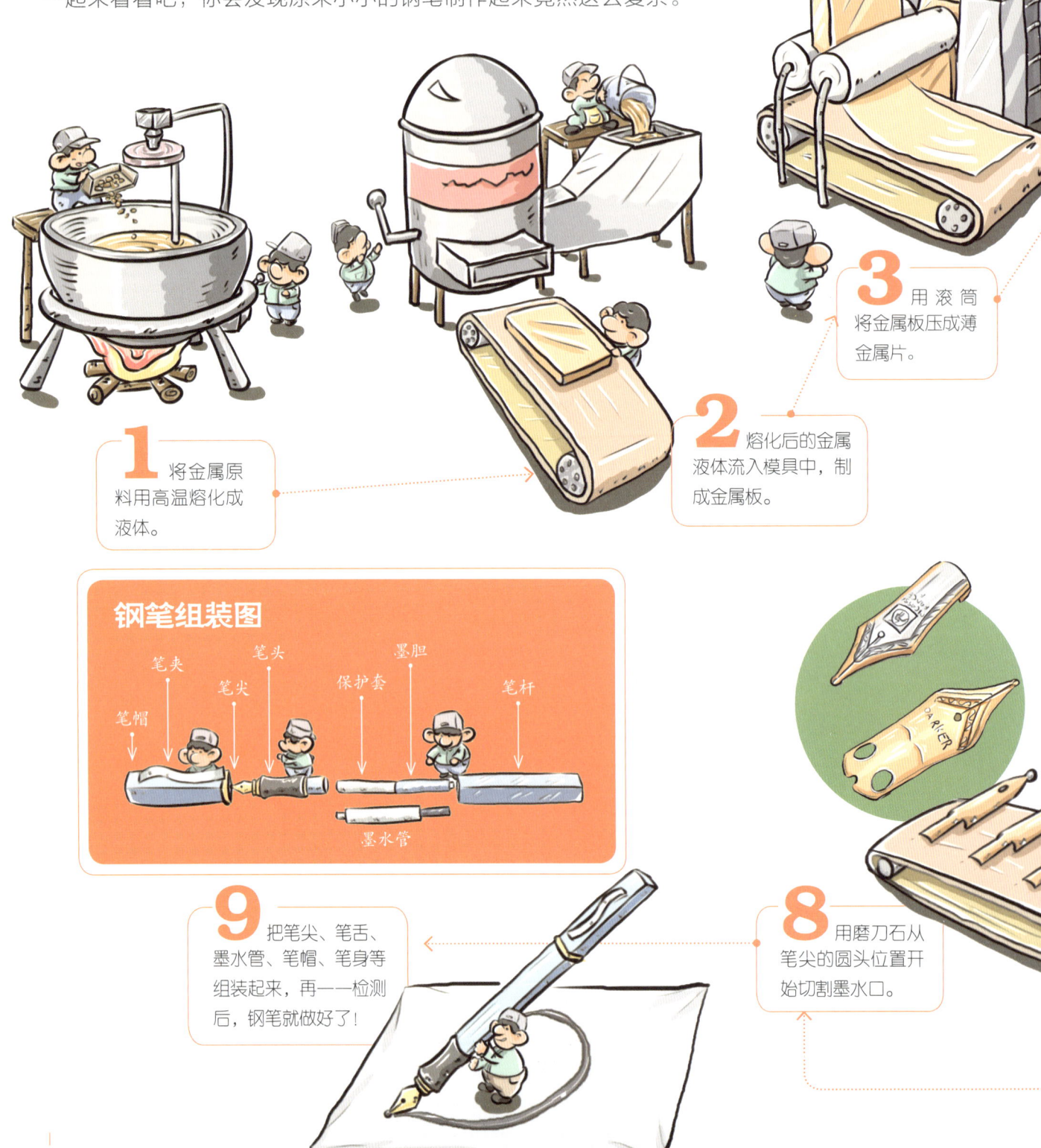

1 将金属原料用高温熔化成液体。

2 熔化后的金属液体流入模具中,制成金属板。

3 用滚筒将金属板压成薄金属片。

钢笔组装图

笔帽　笔夹　笔尖　笔头　保护套　墨胆　笔杆　墨水管

8 用磨刀石从笔尖的圆头位置开始切割墨水口。

9 把笔尖、笔舌、墨水管、笔帽、笔身等组装起来,再一一检测后,钢笔就做好了!

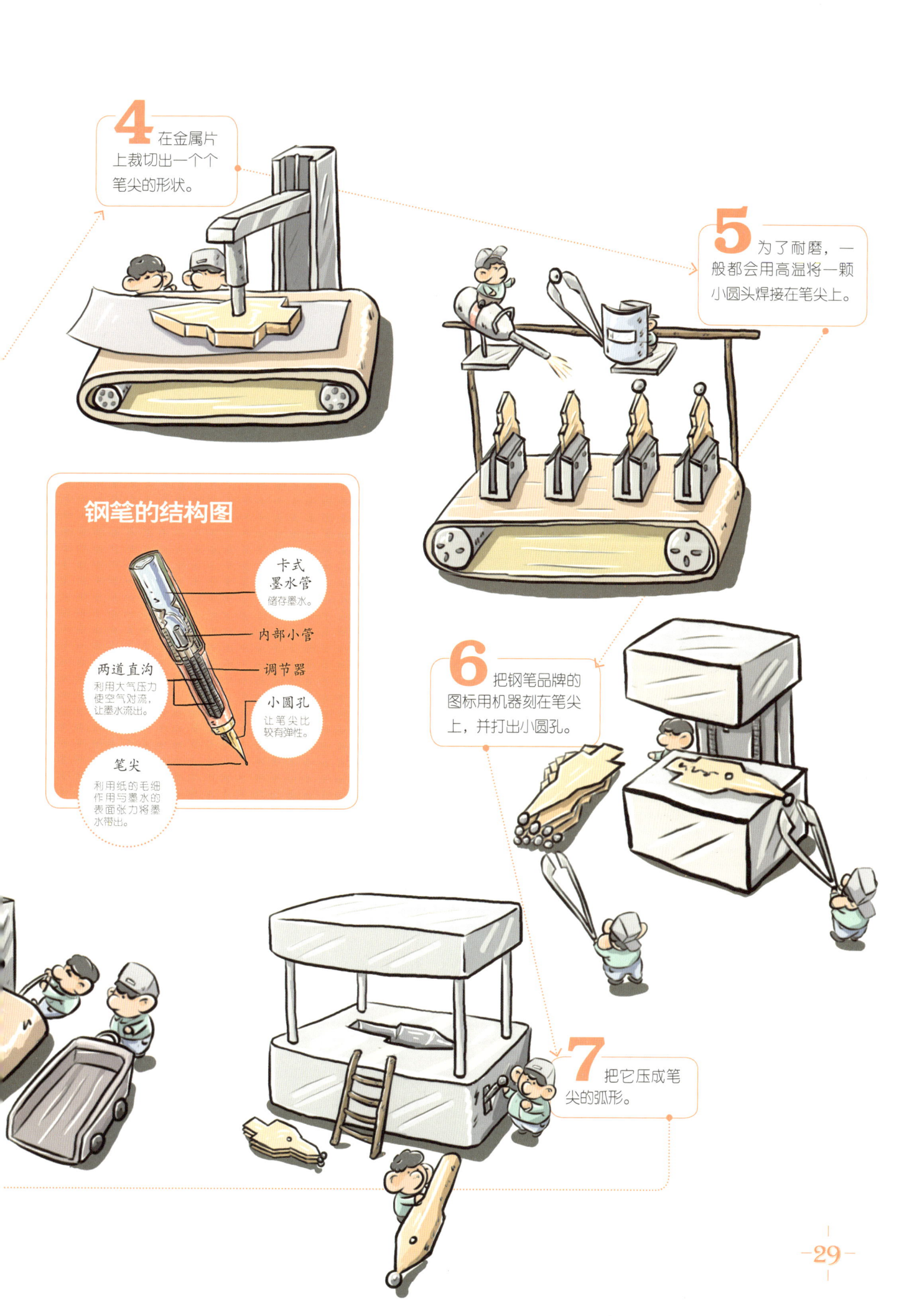

4 在金属片上裁切出一个个笔尖的形状。

5 为了耐磨，一般都会用高温将一颗小圆头焊接在笔尖上。

钢笔的结构图

- **卡式墨水管** 储存墨水。
- **内部小管**
- **调节器**
- **小圆孔** 让笔尖比较有弹性。
- **两道直沟** 利用大气压力使空气对流，让墨水流出。
- **笔尖** 利用纸的毛细作用与墨水的表面张力将墨水带出。

6 把钢笔品牌的图标用机器刻在笔尖上，并打出小圆孔。

7 把它压成笔尖的弧形。

-29-

墨水是怎么来的？

使用钢笔怎么离得开墨水呢，但墨水又是谁发明的呢？一起来看看吧！

1 公元前3000年，埃及人就开始使用墨水，他们将炭黑和水混合在一起，就成了黑墨。如果想写出红色的字迹，人们就会在混合液体中加入含有氧化铁的泥土和一种黏合剂。

2 西周时期，中国人就开始制造墨了。人们用松炭粉末调成液体写诗作画，这种液体就是原始的墨汁。

3 后来，中国人又将漆树的汁液进行加工，制成一种清漆，然后与硫化铁混合起来，制成了优质的墨。

4 公元300年，人们将五倍子剁碎后放入水中熬煮，然后加入铁盐和一种黏合剂（比如阿拉伯树胶）进行混合，形成了鞣酸铁墨水。这种墨水的持久性很强，字迹经过几个世纪之后仍清晰可见。

笔笔科学课

神奇的墨水鉴别

墨水在笔迹鉴定中有着非常重要的作用。假设有人写了1张支票，有骗子在后面多加了几个0，笔迹鉴定专家把这张支票放在红外线和蓝绿色光线下照射，就可以检验出书写这张支票用了两种不同的墨水，并且书写的时间也不同。

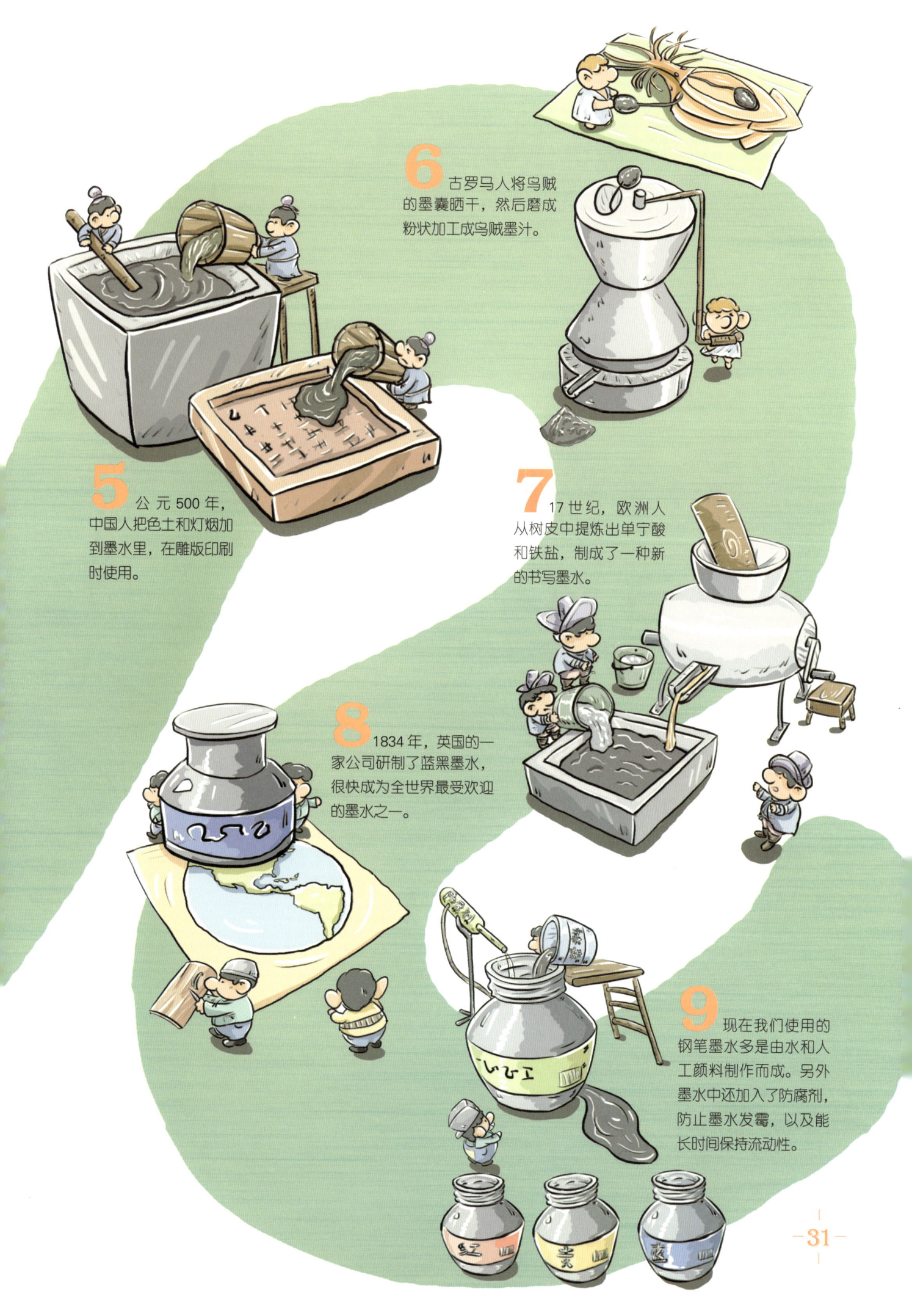

5 公元 500 年，中国人把色土和灯烟加到墨水里，在雕版印刷时使用。

6 古罗马人将乌贼的墨囊晒干，然后磨成粉状加工成乌贼墨汁。

7 17 世纪，欧洲人从树皮中提炼出单宁酸和铁盐，制成了一种新的书写墨水。

8 1834 年，英国的一家公司研制了蓝黑墨水，很快成为全世界最受欢迎的墨水之一。

9 现在我们使用的钢笔墨水多是由水和人工颜料制作而成。另外墨水中还加入了防腐剂，防止墨水发霉，以及能长时间保持流动性。

广受喜爱的圆珠笔

对于你来说，圆珠笔是不是很平常呢？可是，1943年，圆珠笔的出现简直令当时的人们惊喜若狂，甚至引发了一场书写工具的大革命。因为，人们发现圆珠笔比铅笔写的字迹更加清晰且不易擦掉，又不需添加墨水而比钢笔方便实用，还可以写很长时间！因此，圆珠笔在全世界迅速流行起来。

圆珠笔的书写原理

圆珠笔主要是利用球珠在书写时与纸面接触产生摩擦力，使球珠在球座内滚动，从而带出笔芯内的墨水来书写。

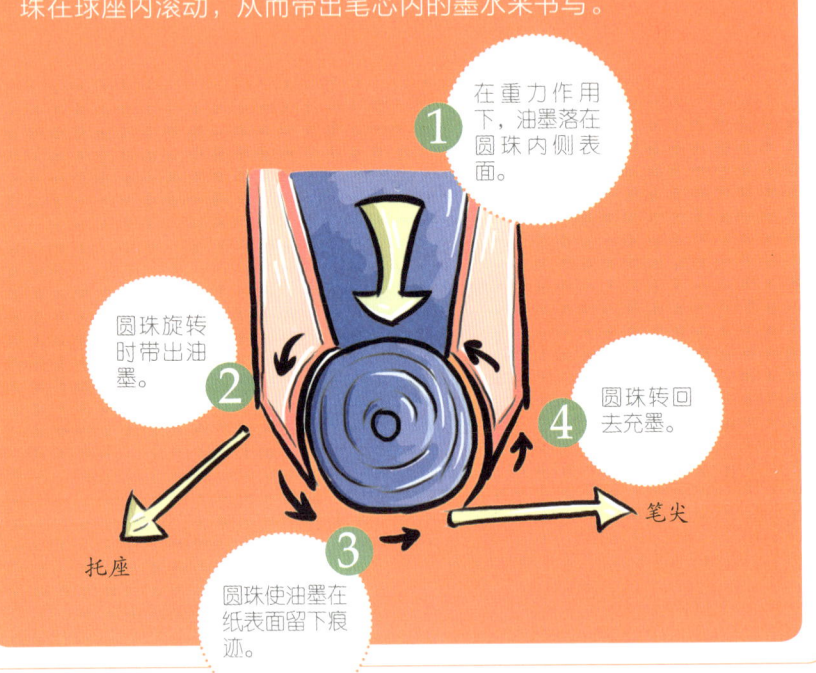

1. 在重力作用下，油墨落在圆珠内侧表面。
2. 圆珠旋转时带出油墨。
3. 圆珠使油墨在纸表面留下痕迹。
4. 圆珠转回去充墨。

托座　笔尖

哈哈，那岂不是用圆珠笔写字就如同笔尖驾驭着一辆高速行驶的汽车吗？太刺激了！

笔笔科学课

飞速旋转的球珠！

圆珠笔的球珠虽然很小，但转动的速度却相当快！设想一下，直径0.5毫米的球珠转一圈可以拉出1.57毫米长的直线，而球珠1秒钟可以转64圈，就相当于1秒钟里拉出了10厘米的线。这个转动速度如果放到汽车上来说，就相当于汽车每小时可以跑80公里呢。

圆珠笔的结构

世界上第一支圆珠笔的诞生！

1943 年，匈牙利有一位名叫拉兹罗·约瑟夫·比克的记者，常因使用的墨水笔漏水而抱怨不已。"我真是受不了了！"看着桌上一塌糊涂的稿件以及脏兮兮的双手，他生气地说："难道就没有好一点的笔吗？"

有一天，比克到一家印刷报纸的工厂去，发现印刷用的墨水干得很快，而且不会弄脏纸，这让他突然有了灵感：如果在钢笔的胆管里装上像油墨一样的特别墨水，那么写的字不是也能很快干了吗？于是，他尝试着将这种墨水装到钢笔里，可是这种黏稠的墨水根本无法从钢笔的笔尖上流出来。但比克并没有放弃，经常琢磨着如何改进。

后来，在身为化学家的兄弟乔治的帮助下，比克把墨水装到一根细长的管子里，在管子的末端装上一颗可以旋转的小圆珠。圆珠粘上管子里的墨水，滚动时，就可以在纸上写出字来。于是，世界上第一支圆珠笔诞生了。之后，比克将这项发明提供给英国皇家空军。不久，英国的一家飞机制造厂就推出了首批商业化的圆珠笔。

圆珠笔的制作

圆珠笔的小圆珠是怎样生产的？它与笔头又是如何搭配得"天衣无缝"的呢？快来一起看看圆珠笔的生产过程吧！

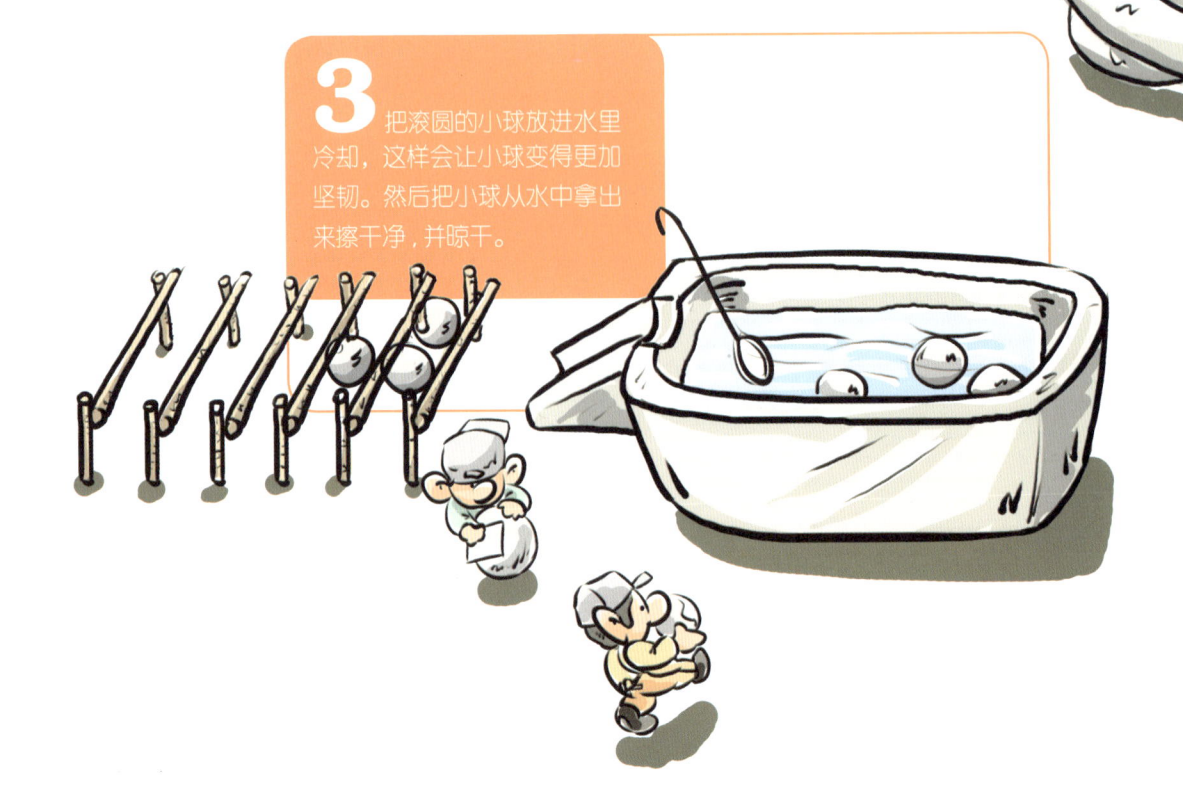

1 首先准备制作笔尖球珠。先从直径1毫米以下的金属丝上切下一小段，放在模具里做成球形。

2 把小球上多余的部分打磨掉，并给滚圆的小球加热。

3 把滚圆的小球放进水里冷却，这样会让小球变得更加坚韧。然后把小球从水中拿出来擦干净，并晾干。

4 在直径 3 毫米左右的金属丝上切下需要的长度，放到模具里做成笔尖的形状，用小钻头从后面穿孔，打通笔尖。

5 在笔尖的前端钻一个放球珠的小孔，并在小孔里刻出可以让油墨流出来的几道凹槽。

-35-

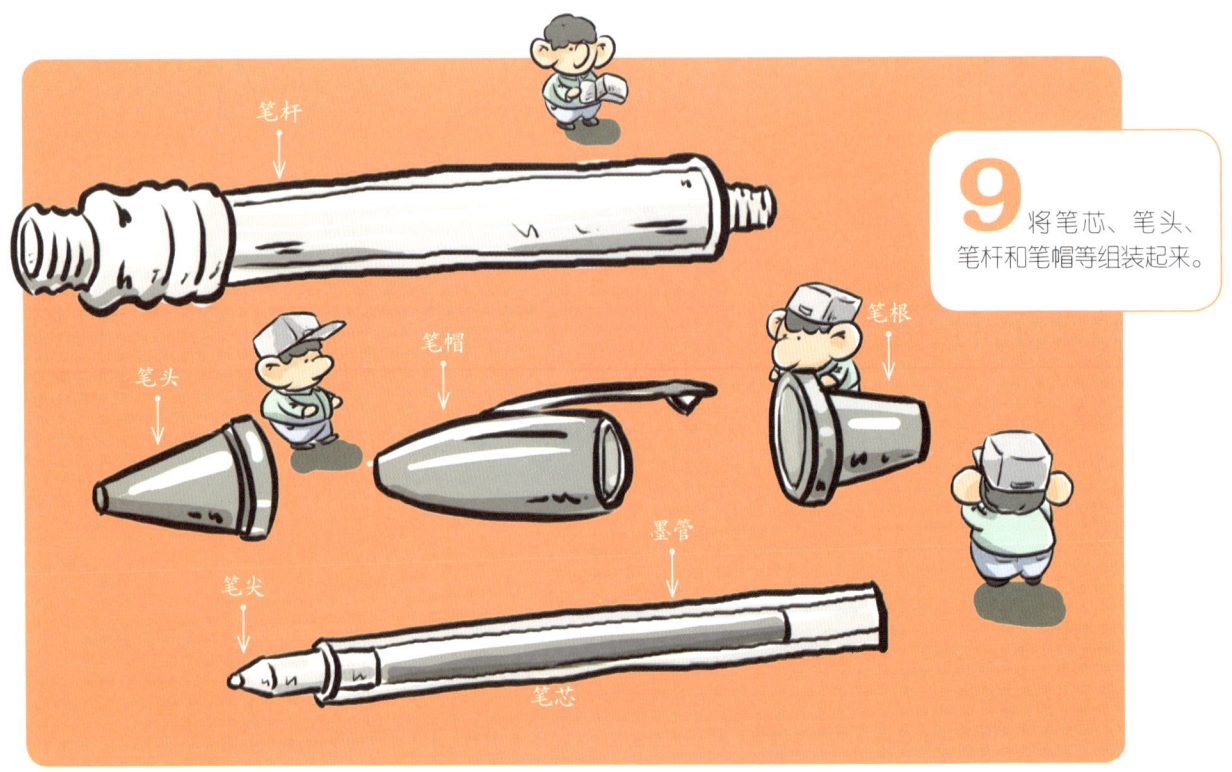

6 把球珠放进笔尖的小孔里，大约30%的部分要露在笔尖外。然后用小小的转轮围着笔尖旋转，把笔尖顶端稍微收紧，这样球珠就不会滚出来。

9 将笔芯、笔头、笔杆和笔帽等组装起来。

笔杆

笔头

笔帽

笔根

墨管

笔尖

笔芯

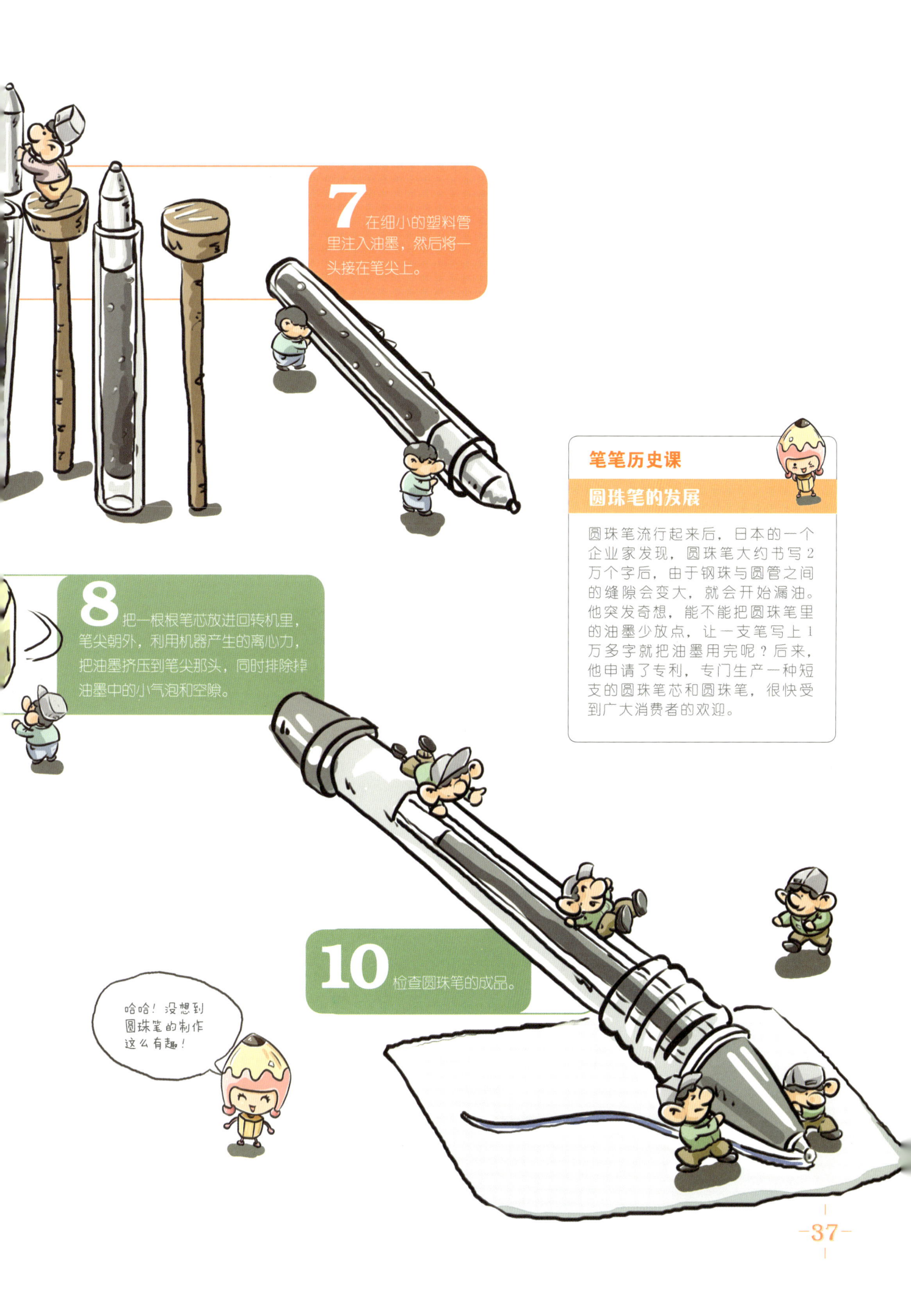

7 在细小的塑料管里注入油墨，然后将一头接在笔尖上。

8 把一根根笔芯放进回转机里，笔尖朝外，利用机器产生的离心力，把油墨挤压到笔尖那头，同时排除掉油墨中的小气泡和空隙。

10 检查圆珠笔的成品。

哈哈！没想到圆珠笔的制作这么有趣！

笔笔历史课
圆珠笔的发展

圆珠笔流行起来后，日本的一个企业家发现，圆珠笔大约书写2万个字后，由于钢珠与圆管之间的缝隙会变大，就会开始漏油。他突发奇想，能不能把圆珠笔里的油墨少放点，让一支笔写上1万多字就把油墨用完呢？后来，他申请了专利，专门生产一种短支的圆珠笔芯和圆珠笔，很快受到广大消费者的欢迎。

—37—

五颜六色的蜡笔

蜡笔五颜六色，是我们画画的好帮手！可是你知道吗，最初在 1900 年时，人们制成的蜡笔却还只有一个颜色，那就是黑色。后来，到了 1903 年，人们将颜料掺在蜡里，才生产出了彩色蜡笔。那么，现代工厂里又是怎么生产出蜡笔的呢？

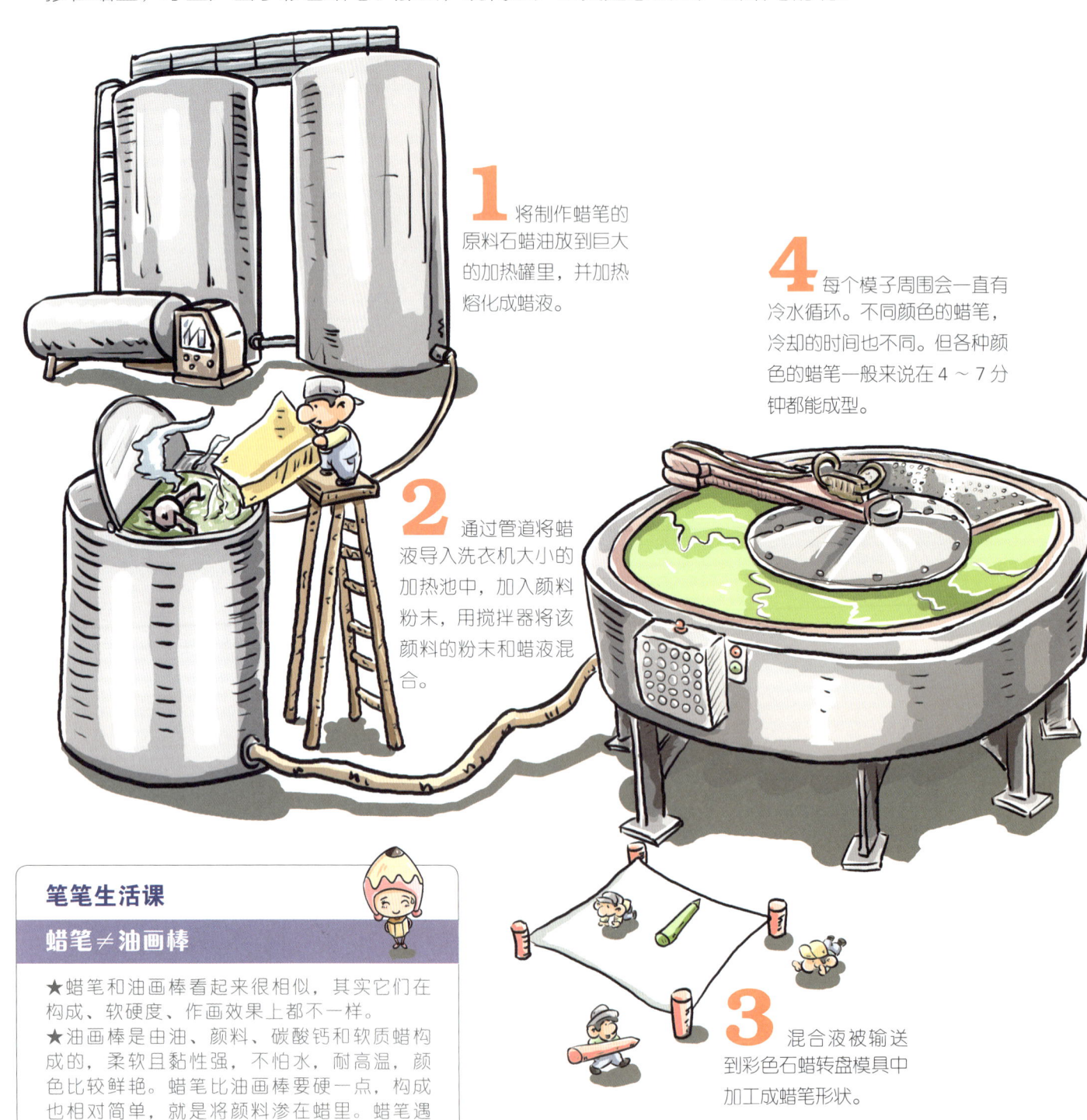

1 将制作蜡笔的原料石蜡油放到巨大的加热罐里，并加热熔化成蜡液。

2 通过管道将蜡液导入洗衣机大小的加热池中，加入颜料粉末，用搅拌器将该颜料的粉末和蜡液混合。

3 混合液被输送到彩色石蜡转盘模具中加工成蜡笔形状。

4 每个模子周围会一直有冷水循环。不同颜色的蜡笔，冷却的时间也不同。但各种颜色的蜡笔一般来说在 4～7 分钟都能成型。

笔笔生活课

蜡笔 ≠ 油画棒

★蜡笔和油画棒看起来很相似，其实它们在构成、软硬度、作画效果上都不一样。
★油画棒是由油、颜料、碳酸钙和软质蜡构成的，柔软且黏性强，不怕水，耐高温，颜色比较鲜艳。蜡笔比油画棒要硬一点，构成也相对简单，就是将颜料掺在蜡里。蜡笔遇高温会融化，干了也容易裂，用它绘画颜色没那么鲜艳，不能反复叠加覆盖。

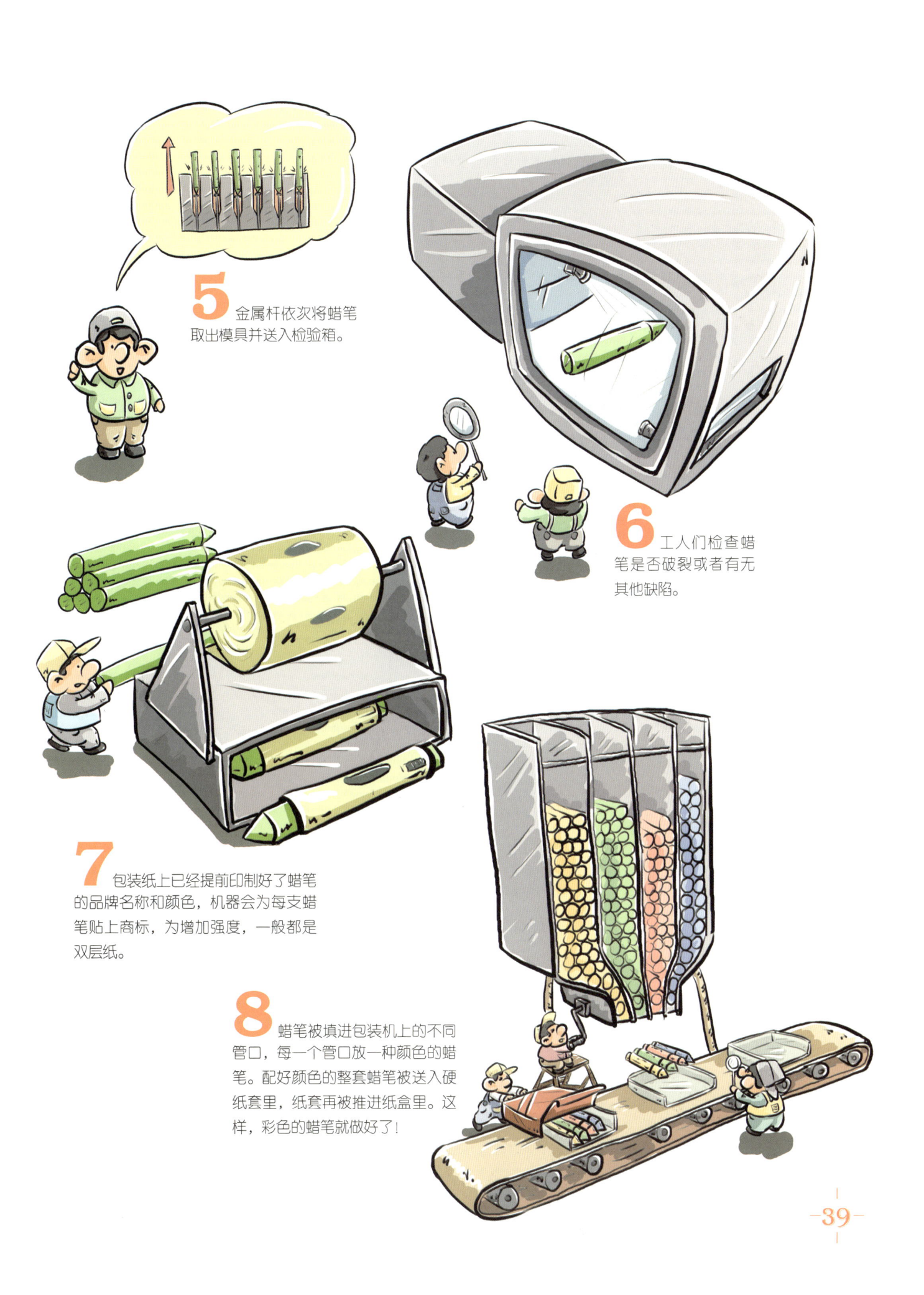

5 金属杆依次将蜡笔取出模具并送入检验箱。

6 工人们检查蜡笔是否破裂或者有无其他缺陷。

7 包装纸上已经提前印制好了蜡笔的品牌名称和颜色，机器会为每支蜡笔贴上商标，为增加强度，一般都是双层纸。

8 蜡笔被填进包装机上的不同管口，每一个管口放一种颜色的蜡笔。配好颜色的整套蜡笔被送入硬纸套里，纸套再被推进纸盒里。这样，彩色的蜡笔就做好了！

高科技的太空笔

对我们来说，航天员在太空中的生活总是显得那么神秘。可是，你知道吗，在无重力状态下，不仅航天员会飞来飞去，就连使用的笔也会飘浮在空中，导致很多笔在太空中无法正常使用，直到后来发明了太空笔。那么太空笔有什么奥秘呢？

《

最初，航天员在太空中只能使用铅笔写字，因为钢笔和一般圆珠笔在无重力状态下无法使用。但是，铅笔芯容易断，细屑有可能飘进航天员的鼻腔、眼睛里，或引起电路短路。此外，铅笔的笔芯和笔杆在纯氧的环境中很容易燃烧，危险性极高。

笔笔历史课

太空救命笔

人类第一次登月是在1969年7月21日，当阿波罗11号的两位航天员阿姆斯特朗和奥尔德林在月球上完成漫步，回到登月舱准备离开时，却发现发动机的塑料手动开关被碰断，无法启动发动机。地面指挥中心告诉他们，只需要拨动开关中一个细小的金属条，就可以启动发动机。但是，当时两位航天员身上什么工具也没有。最后，一名地面指挥中心的工程师灵机一动，让他们试试太空笔。于是，奥尔德林掏出太空笔，缩回笔芯，用笔的中空尾端拨动了开关，成功地启动了登月舱的发动机。

《《

20世纪60年代初，圆珠笔制作专家保罗·费舍尔先生 (Paul C. Fisher)，投入大量的时间和精力，研发不漏油且在太空可以书写的笔。经过不断努力，他终于在1965年研制成了能在太空环境下使用的圆珠笔——太空笔。这种笔的原理很简单，采用密封式气压笔芯，上部充有氮气，靠气体压力把油墨推向笔尖。后来，经过严格的测试，这种笔被美国宇航局采用，并被命名为"费舍尔太空笔"。

解密太空笔

高精密超硬碳化钨笔珠
按照精密尺寸和专门工艺镶嵌在不锈钢笔尖内,既防止漏油又保证书写自如。

密封气囊
上部充有氮气,靠气体压力把油墨推向笔尖。

超黏触变性档案油墨（专利油墨）

密封式气压笔芯
密封状态,从而避免了墨水的蒸发和浪费,也避免了墨水从笔芯后面泄漏。

除了在太空中使用,太空笔还可用于各种极端条件下,如寒冷的高山上和深海下,以及一些有油污或潮湿、粗糙、光滑的表面,它的使用年限可达几十年!

笔笔实验课
神奇的小画家

不用画笔也能画画,这是真的吗?如果不信,那就和我们一起来试一试吧。

材料

(1) 彩色粉笔
(2) 白纸和报纸
(3) 醋、食用油
(4) 纸杯、汤勺
(5) 锤子
(6) 纸巾
(7) 一碗水

1 在碗里加入两勺醋,并铺一些报纸备用。把粉笔放在纸巾上,用锤子把粉笔压成粉末。

2 把彩色粉笔末倒入纸杯中。你需要几种颜色就制作几种粉末,分别用不同的纸杯盛粉末。

3 往每只杯子里加入一汤勺食用油,用汤勺彻底搅拌均匀。

4 把每个杯子里的混合物都倒入碗里，含有粉笔末的油会在水的表面形成彩色的圆圈。

5 把白纸放在水的表面，再拿起来，然后放在铺好的报纸上晾一天。

6 一天后，用纸巾擦掉纸表面的粉笔屑。这时，就可以看见纸上出现了五颜六色的画面。

实验原理揭秘

实验中，彩色的油粘在了纸上，形成圆圈和条纹图案。粉笔中的碳酸钙成分和醋酸发生反应，彩色的颜料便溶解在了油当中。油脂成分与纸纤维中的分子互相吸引，使颜色附着在纸张上，就形成了螺旋状的彩色图案。

笔笔旅行记

我和我的小伙伴们到世界各地去旅行，在旅途中遇到和听说了很多有趣的事儿……

1 世界上最大的铅笔

这支铅笔重达 9988 千克、长 23.2 米，仅铅笔顶部的橡皮就重达 113.5 千克，并且还是真正能使用的橡皮。制造笔芯使用的石墨专门从美国宾夕法尼亚州运来，笔芯重 1816 千克。有人还曾想给这支铅笔特别设计一款削笔刀，但未能实现。

2 铅笔屑变画作

南非艺术家梅根·麦克诺奇突发奇想，用铅笔屑创作了一系列色彩斑斓的艺术品，有可爱的动物、食物和人物肖像等，每一幅都惟妙惟肖。

3 3D 打印笔

这是一支可以在空气中书写的笔，它基于 3D 打印，挤出热融的塑料，然后在空气中迅速冷却，最后固化成稳定的状态。它很紧凑，并且不需电脑或电脑软件支持，只要把它插上电，很快就可以开始奇妙的创作。

5 铅笔芯雕刻的艺术品

想不到黑乎乎的铅笔芯居然还可以雕刻成艺术品。俄罗斯微雕艺术家萨拉瓦特 (Salavat Fidai) 就在一支铅笔芯上雕刻出了心连心的造型，精细的雕刻功夫实在令人惊奇。

4 手机便携笔

英国发明家发明了一款手机便携笔，名叫"杰克笔"。这是一款可以插入智能手机耳机插孔的微型圆珠笔，非常方便携带。

6 神奇的取色笔

想像"哆啦A梦"那样拥有一支神奇的"自动24色笔"，自动调取想要的色彩吗？如今这支叫作"Cronzy Pen"的笔，将这个幻想变成了现实。当你用笔头接触物体的时候，它会在几秒钟内迅速扫描出物体颜色，让你瞬间能画出自己想要的颜色。

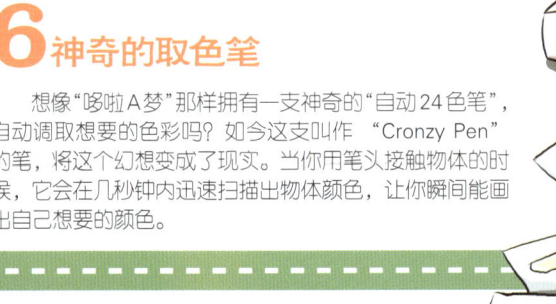